比识花APP更权威精准

300种
芳香植物识别图鉴

陆 琳 曹 桦 李 涵 主编

彩图典藏版

中国农业出版社

图书在版编目（CIP）数据

300种芳香植物识别图鉴：彩色典藏版 / 陆琳，曹桦，李涵主编. —北京：中国农业出版社，2021.1（2024.6重印）
ISBN 978-7-109-27437-2

Ⅰ.①3… Ⅱ.①陆… ②曹… ③李… Ⅲ.①香料植物 – 识别 – 图解 Ⅳ.①Q949.97-64

中国版本图书馆CIP数据核字（2020）第200255号

中国农业出版社出版
地址：北京市朝阳区麦子店街18号楼
邮编：100125
责任编辑：国 圆 郭晨茜 谢志新
版式设计：郭晨茜 国 圆 责任校对：吴丽婷
印刷：北京中科印刷有限公司
版次：2021年1月第1版
印次：2024年6月北京第3次印刷
发行：新华书店北京发行所
开本：880mm×1230mm 1/32
印张：9
字数：250千字
定价：59.00元

编委会

主　　编：陆　琳　曹　桦　李　涵

参编人员：丁长春　苗　振　李树发　田　敏

　　　　　张艺萍　许　凤　王丽花　陈　丽

　　　　　柯　燚　赵阿香　苏　群　董　浩

编写人员单位：云南省农业科学院花卉研究所

　　　　　　　文山学院

　　　　　　　玉溪澄花生物科技有限公司

本书使用说明

中文名称

学名

芳香类型

花色：
简述每个物种开花时色彩最鲜艳的花瓣、花冠、花被的颜色

科属名称

别名

科名

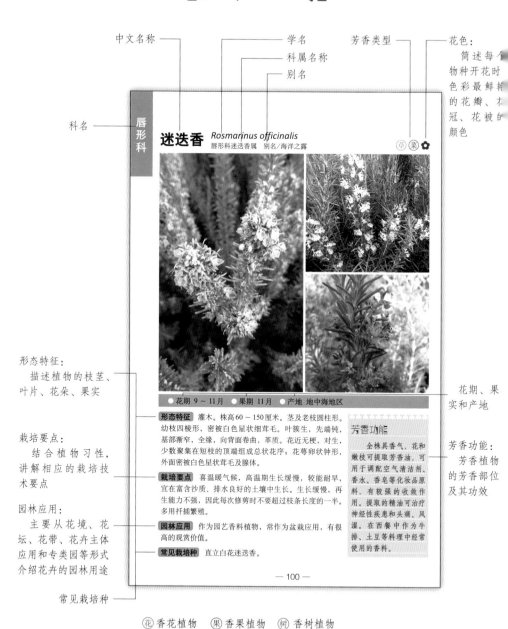

唇形科

迷迭香 *Rosmarinus officinalis*
唇形科迷迭香属 别名/海洋之露

●花期 9~11月 ●果期 11月 ●产地 地中海地区

形态特征：
描述植物的枝茎、叶片、花朵、果实

栽培要点：
结合植物习性，讲解相应的栽培技术要点

园林应用：
主要从花境、花坛、花带、花卉主体应用和专类园等形式介绍花卉的园林用途

常见栽培种

形态特征 灌木。株高60~150厘米。茎及老枝圆柱形。幼枝四棱形，密被白色星状细茸毛。叶簇生，先端钝，基部渐窄，全缘，向背面卷曲，革质。花近无梗，对生，少数聚集在短枝的顶端组成总状花序；花萼卵状钟形，外面密被白色星状茸毛及腺体。

栽培要点 喜温暖气候，高温期生长缓慢，较能耐旱，宜在富含沙质、排水良好的土壤中生长。生长缓慢，再生能力不强，因此每次修剪时不要超过枝条长度的一半。多用扦插繁殖。

园林应用 作为园艺香料植物，常作为盆栽应用，有很高的观赏价值。

常见栽培种 直立白花迷迭香。

花期、果实和产地

芳香功能
全株具香气，花和嫩枝可提取芳香油，可用于调配空气清洁剂、香水、香皂等化妆品原料，有较强的收敛作用。提取的精油可治疗神经性疾患和头痛、风湿。在西餐中作为牛排、土豆等料理中经常使用的香料。

芳香功能：
芳香植物的芳香部位及其功效

㉀ 香花植物　㊡ 香果植物　㊑ 香树植物
㊐ 香草植物　㊓ 香菜植物

前　言

　　芳香植物是兼有药用植物和天然香料植物共有属性的植物类群，其组织、器官中含有精油、挥发油或难挥发树胶，具有芳香的气味。我国芳香植物资源非常丰富，是世界上芳香植物最丰富的国家。据报道，我国芳香植物在1 000种以上，就植物种类的科属分布而言，主要集中在木兰科、蔷薇科、芸香科、木樨科、樟科、松科、菊科、伞形科、马兜铃科、唇形科、百合科、姜科、瑞香科等，其中，尤以木兰科、蔷薇科、木樨科、樟科、菊科、芸香科、唇形科为主。目前，已开发利用的芳香植物约150种，常年出口到国际市场的天然香料有60余种。云南是我国芳香植物资源和生产大省，已发现或引种的芳香植物有近400种，分属95科179属，几乎遍布全省各地，集中分布于热带和亚热带地区，品种数居全国之首。

　　云南多气候带的气候资源、多物种的自然资源和殷实的芳香产业资源积累，使其拥有发展芳香产业的独特优势。同时，云南是我国民族种类最多、民族文化资源富集的省份，云南与东南亚、南亚国家有着天然的地缘联系，以上均使得云南在芳香产业全产业链综合开发及芳香产业主题复合开发等方面具有极其广阔的空间。现已发现和引用的芳香植物品种分布广、特有品种多，种质资源十分丰富。有用于化工原料及中低档日化香精的香料植物资源，如蓝桉、香茅、山苍子等；有化学成分独特的香料植物资源，如云南松、思茅松、韭叶芸香草、狭叶阴香、勐海樟、毛脉树胡椒等；有用于高档日化香精的香料植物资源，如香叶天竺葵、玫瑰香叶、依兰、白兰、鸢尾、麝香秋葵和金合欢等；有门类齐全的食用辛香料植物资源，如草果、八角茴香、肉桂、甜罗勒、香荚兰、胡椒、砂仁、山奈、生姜、辣椒等。从国外引种的香料植物在云南落户后生长也很好，并已发展成有一定规模的产业，如香叶天竺葵、香茅、蓝桉等品种。全省已知的芳香植物中，仅有30～40个品种开发成为商品，还有许多特有的、有较高应用价值的珍稀品种有待开发利用，发展潜力较大。

芳香植物的生产与加工涉及农业、加工业、医药业、食品工业、日化工业、化妆品工业等诸多行业，是一个多学科互相渗透、互相交叉的朝阳行业。芳香植物的发现与利用，极大地丰富了人们的生活。随着人们生活质量的提高，对天然产物的需求将越来越多。因此，芳香植物的开发利用有着非常广阔的空间，在国民经济发展中也将发挥越来越重要的作用。

本书是在云南省农业科学院花卉研究所多年来在芳香植物收集开发应用的基础上，拓展、收集和整理常见芳香植物的特性及应用，最终编写而成。书中收录的300种常见芳香植物分为木本及草本植物两大类，对每一个品种均有全面、简洁的文字论述，介绍其科属、学名、别名、芳香类型、芳香功能、形态特征、栽培要点和园林应用等。配套近800张高清图片，让读者既能全面了解芳香植物的基础知识，又能轻松掌握简易有效的鉴别技巧。可满足普通市民、学生、爱好者和芳香从业人员不同层次的需求，为其开发利用提供科学依据。不妥之处望批评指正！

编　者

基础知识

1. 定义

芳香植物（aromatic）是具有香气和可供提取芳香油的栽培植物和野生植物的总称。一般指能从其组织中提取出精油或挥发油的植物，此外，含有能用作辛香料或香料、难挥发的树脂状分泌物（如树脂、香膏、树胶）的植物也属于芳香植物。芳香植物是植物体某些器官中含有芳香油、挥发油、精油的一类植物，也叫香料植物。

2. 化学成分

芳香植物体内含有丰富的化学成分，大致可以分为芳香成分、药用成分、营养成分、色素成分4类。

芳香成分：芳香植物特有的一类成分，是香料工业的原料，也是芳香植物特有用途的基础。

药用成分：包括芳香植物特有的挥发性精油成分和不挥发性的生物碱、单宁、类黄酮等成分，这些成分具有特有的药用功效，作为中药用于治疗各种疾病或作为原料提取有效的药用成分。

营养成分：包括人体必需的各种矿物质和维生素。

色素成分：可作为天然染料来利用，特别是作为天然食品添加剂具有安全、可靠的优点。

此外，大部分芳香植物还含有抗氧化物质、抗菌成分和丰富的微量元素。

作为香辛料的芳香植物其风味成分可分为4类。

致香成分：主要是萜烯类和芳香族的芳香物质，如α-水芹烯、柠檬醛、香芹酮、茴香脑等。

刺激性辛辣成分：主要是含硫化合物，如异硫氰酸烯丙酯、蒜素等。

至麻辣热感成分：主要是酰胺类，如胡辣碱、花椒碱等。

色素成分：姜黄素、辣椒色素、花青苷等。

3. 分布

芳香植物分布在不同科属中，我国现有的芳香植物分别属于约100多个科200余属1 000余种，主要分布在木兰科、蔷薇科、芸香科、樟科、松科、菊科、伞形科、唇形科、百合科、姜科等，有乔木、灌木、藤本、草本等类型。在实际生产应用中，由于草本芳香植物具有周期短、产量高、易采收等多种优点，对其栽培应用范围更广。

4. 分类

芳香植物是一类用途十分广泛的植物类群，可作为蔬菜、水果、中草药、调味料、观赏植物、茶等直接被利用，也可加工成精油或树脂油等用于食品工业、日化工业、化妆品、医药等。根据芳香植物的利用途径分为以下5种。

香花植物

即花朵能散发芳香、可以利用鲜花的芳香植物，如依兰、白兰、桂花、茉莉、玫瑰、兰花、米兰等。花朵的芳香是由于花瓣内含有挥发性的芳香物质，称之为"芳香油"，芳香油的形成、种类和散发的习性与植物种类有关，同时也受开花时环境条件的影响。在香花植物中一般以花朵白色或浅色占优势。香花植物气味芳芳，具有安神镇静、清净身心的功效，并有防腐、杀菌、驱虫的特殊能力，博得大众的青睐。

香果植物

即利用果实的木本类或草本类芳香植物，如香荚兰、佛手、青花椒、胡椒等。茴香、芹菜等果实用于提取精油时属于香果植物。利用较多的是香荚兰，其果实含香草素，是重要的食品香料来源。

香树植物

即利用某个或某几个部位的木本类芳香植物，如肉桂、檀香树、白千层、沉香树等。香树植物不同的植物性质决定其散发的香气浓度和类型。有的香树植物会散发出果香，有的是花香。香树植物的香气还有治疗疾病的作用，如桂花树香有消炎止咳的作用，柠檬树香可以提神等。

香草植物

即全株或地上部均可利用的草本类芳香植物，如薰衣草、迷迭香、鼠尾草、百里香等。香草植物大多数起源于地中海沿岸，分为一年生和多年生植物。香草植物含有芳香成分、营养成分、药用成分、色素成分以及抗氧化、抗菌成分，且含有率高于其他农作物。香草植物既可植于露地，也可用于盆栽观赏，是居家花园或阳台的新宠。可美化香化环境、制造香囊、提炼天然香精等。

芳香蔬菜

即作为蔬菜可以利用的芳香植物，如罗勒、芫荽、香椿、茴香、薄荷、紫苏等。芳香蔬菜不仅营养成分独特，而且含有大量对人体有益的微量元素，因而具有独特的保健功能。目前芳香蔬菜在国内已方兴未艾，随着人们生活水平和对饮食文化要求的不断提高，芳香蔬菜的开发利用会成为必然趋势。

5.植物器官

植物一般由根、茎、叶、花、果和种子六部分组成，其中叶、花、果是植物的三个重要鉴别器官。为了方便读者识别和欣赏植物，这里先简要介绍一些叶、花、果的基础知识。

叶

叶的组成 叶一般由叶片、叶柄和托叶组成。

（选自高信曾《植物学》）

叶形 是指叶片的形状。常见叶形如下：

椭圆形 卵形 心形 圆形

菱形 针形 披针形 匙形 三角形

（选自陆时万《植物学》）

叶缘 是指叶片边缘的形状。常见叶缘类型如下：

全缘 波状 皱状 圆齿状 圆缺 牙齿状 锯齿 重锯齿 细锯齿

（选自陆时万《植物学》）

叶序 是指叶片在茎枝上的排列方式。常见叶序类型如下：

互生 对生

轮生 簇生

（选自陆时万《植物学》）

复叶 一个叶柄上有两个或两个以上叶片的称复叶。常见复叶类型如下：

奇数羽状 偶数羽状 二回羽状

三回羽状 掌状复叶 三出复叶 单身复叶

（选自曹慧娟《植物学》）

花

花的组成 花一般由花柄、花托、花被（花萼、花冠）、雄蕊群和雌蕊群组成。

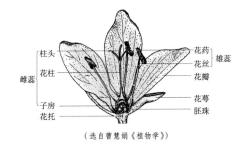

（选自曹慧娟《植物学》）

花冠 是由一朵花中的若干枚花瓣组成。常见花冠类型如下：

十字形　蝶形　漏斗状　轮状　唇形　管状　舌状　钟状

（选自滕崇德《植物学》）

花序

头状花序　　伞形花序　　伞房花序　　轮伞花序　　聚伞花序　　聚伞圆锥花序

蝎尾状聚伞花序　柔荑花序　穗状花序　总状花序　圆锥花序　肉穗花序

果

肉质果

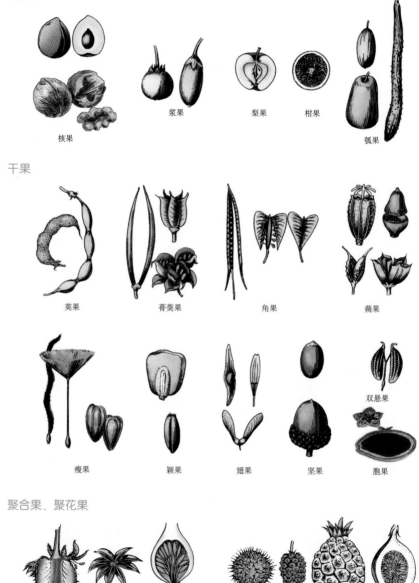

核果　　浆果　　梨果　　柑果　　瓠果

干果

荚果　　蓇葖果　　角果　　蒴果

瘦果　　颖果　　翅果　　坚果　　双悬果　　胞果

聚合果、聚花果

聚合果　　聚花果

目 录
Contents

PART
1

木本植物

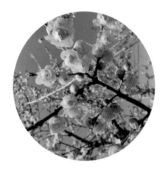

侧　柏　*Platycladus orientalis*

柏科侧柏属　别名/黄柏、扁柏

● 花期 3 ~ 4月　● 果期 10月　● 产地 中国南北多地，各地均有栽培

形态特征　常绿乔木。高可达20米，胸径可达1米。枝条向上伸展或斜展，幼树树冠卵状尖塔形，老树树冠为广圆形。生鳞叶的小枝细，向上直展或斜展，扁平，排成一平面。叶鳞形。球果近卵圆形，肉质，成熟后变木质，开裂，红褐色。

栽培要点　喜光，稍耐阴，喜温暖、湿润气候，能耐寒、耐旱、耐湿，适应能力很强。种子繁殖，播种后保持苗床湿润，结合灌水进行追肥。

园林应用　多用作行道树，片植的情况较多，也有修剪作为绿篱来进行应用的。在园林中也可应用对植、孤植等形式。

芳香功能

　　叶、木材含精油。木材精油广泛用于配制化妆品与香皂的香精。枝叶药用，能收敛止血、利尿健脾、解毒散瘀。

刺 柏 *Juniperus formosana*

柏科圆柏属　别名/台湾桧

树

● 花期 4月　● 果期 需2年成熟　● 产地 分布于中国中西部至东南部

形态特征　常绿乔木。高达12米。树皮褐色，树冠塔形或圆柱形，小枝下垂，叶片全刺形，三叶轮生，先端渐尖，具锐尖头，在叶下面绿色，有光泽，具纵钝脊，横切面新月形。雄球花圆球形或椭圆形，药隔先端渐尖，背有纵脊。球果近球形或宽卵圆形，熟时淡红褐色，种子半圆形。

栽培要点　中性偏阴，喜温暖多雨气候，耐寒，耐旱。对土壤要求不严，常生长于干旱贫瘠之地，喜石灰质土壤。种子繁殖或嫁接繁殖。

园林应用　可孤植、列植形成特殊景观，同时也是制作盆景的好材料。

芳香功能

　　枝叶含精油，可配制日用香精。果实含有较丰富的芳香油，其果油可鉴定出47个化合物。

圆 柏 *Juniperus chinensis*

柏科圆柏属　别名／刺柏、红柏

● 花期 4月　● 果期 翌年10～11月　● 产地 中国南方各省及华北、西北地区

形态特征　常绿乔木。高达20米，胸径达3.5米，树冠尖塔形，老树则成广卵形。树皮深灰色，呈浅纵条剥离。叶二型，即刺叶及鳞叶，成年树及老树以鳞叶为主，幼树常为刺叶。球果近圆球形，径6～8毫米，两年成熟，熟时暗褐色，被白粉或白粉脱落。

栽培要点　喜光，幼树稍耐阴。喜温凉气候，耐寒，耐旱，对土壤要求不严，能在酸性、中性及石灰质土壤上生长。深根性，侧根也很发达。可种子繁殖或扦插繁殖。对多种有害气体有一定抗性。

园林应用　常群植、片植、丛植和列植。也可修剪成各种形状的造型进行应用。

芳香功能

　　叶含精油，精油常作配制化妆品、肥皂的芳香原料。树皮、枝叶可入药。

金合欢 *Acacia farnesiana*
豆科相思树属

㊀花

● 花期 3～6月、10月　● 果期 7～11月　● 产地 热带美洲，现广布于热带地区

形态特征　常绿多刺直立灌木。高2～4米。树皮粗糙，褐色，多分枝，小枝柔弱回折成"之"字形，有明显皮孔。托叶针刺状，叶互生，二回羽状复叶，硬革质。花两性，头状花序球形，1～3个簇生叶腋；花小，多而密集，极芳香；花一年开两次。荚果近圆柱形。

栽培要点　喜光，喜温暖、湿润的气候，耐干旱。宜种植于向阳、背风和肥沃、湿润的微酸性壤土中。如温室栽培，冬季室温不宜低于4℃，且适当减少浇水。繁殖以播种和扦插为主。

园林应用　荒山造林先锋树种，水土保持防护林树种。宜于山坡、水际散植。植株具刺，在园林中也可作绿篱。

芳香功能

花可提取芳香油，主要用于高级香水及化妆品香精中。作为香料尚未大量开发利用。其树胶可代阿拉伯树胶使用，广泛应用于胶水、乳化剂、墨水等。

紫穗槐 *Amorpha fruticosa*

豆科相思树属　别名／紫槐、棉槐、棉条

（果）

● 花期 5 ～ 10 月　● 果期 5 ～ 10 月　● 产地 美国东北部和东南部

形态特征　落叶灌木。高 1 ～ 4 米，丛生。小枝灰褐色，被疏毛，后无毛，嫩枝被密短柔毛。叶互生，奇数羽状复叶，有小叶 11 ～ 25 片，圆形或卵形，基部有线形的托叶。穗状花序常 1 到数个顶生和枝端腋生，被密短柔毛。荚果向下垂，棕褐色，微弯曲，顶端有小尖，表面具突起的疣状腺点。

芳香功能

种子可提取香精和精油，用于食品、饮料、香草等产品加香，也适用于日化香料调香。

栽培要点　耐盐碱、瘠薄、干旱、水湿、寒冷。可选择播种育苗、扦插育苗或分根育苗。造林密度应视选林目的和水土条件而定。为了提高植树成活率，促其萌蘖，可在根颈以上 10 ～ 15 厘米处截去，这样枝条发得多、长得快。

园林应用　多年生优良绿肥和蜜源植物。因紫穗槐对盐碱地、黏土地和沙地都有很好的培肥改土作用，是改良土壤品质的先锋种。

滇白珠 *Gaultheria leucocarpa* var. *erenulata*

杜鹃花科白珠属　别名/满山香、透骨草、老鸦泡　树 ✿

● 花期 6～7月　● 果期 8～10月　▶ 产地 中国分布于云南、广西、贵州

形态特征　灌木。高达3米。树皮灰黑色，枝条细长，左右曲折，具纵纹。单叶互生，革质，卵圆形，先端尾状渐尖具尖尾，基部钝圆或心形，叶缘具齿。茎叶常带红色。总状花序腋生，多花密集；苞片卵形，有突出的尖，被白毛；花萼裂片5枚，卵状三角形；花冠钟形。蒴果球形，5裂，包于蓝紫色肉质宿萼内。

栽培要点　野生，生于向阳山坡和黄山草地，以无性繁殖为主。

园林应用　多年生优良绿肥和蜜源植物。因紫穗槐对盐碱地、黏土地和沙地都有很好的培肥改土作用，是改良土壤品质的先锋种。

芳香功能

枝叶精油有消炎止痛功效，可用于制作牙膏、牙粉、口腔清洁剂等，还可用于糖果、口香糖、饮料等的调味剂，又能用于调配香精。其精油含水杨酸甲酯，主要用于合成水杨酸、水杨醇和阿司匹林的原料。

杜 香 *Ledum palustre*

杜鹃花科白珠属　别名/绊脚丝、狭叶杜香、细叶杜香

● 花期 6 ~ 7月　● 果期 7 ~ 8月　● 产地 中国东北地区

形态特征　常绿小灌木。高40 ~ 50厘米。枝纤细，顶芽显著，卵形。植株富有香气。单叶互生，全缘，两面及幼枝密生褐色茸毛和腺体。伞房花序，着生于上年枝的顶部；苞片数枚。蒴果。

栽培要点　宜选上层深厚的腐殖质土较好，采用种子繁殖，也可用压条或分株繁殖。播种后需搭草帘遮阴，出苗后逐渐撤去草帘；幼苗期防止太阳直射曝晒，以防苗木被日灼而死。苗期注意中耕除草。在出苗后越冬前和返青期需灌足水，以保持湿润。

园林应用　花大而美丽，为重要的观赏花卉，同时又耐阴喜湿，适合作为疏林下的地被植物应用，也可用于水体四周的绿化。

芳香功能

　　具有特殊的莳萝醛香气，兼有木香，是很好的香料品种，可制作芳香枕芯、香荷包、防腐香球等。枝与叶可提取精油，用于日用化工原料。精油具有良好的祛斑效果，可治疗慢性支气管炎，还可杀灭空气中的细菌。

海 桐 *Pittosporum tobira*

海桐花科海桐花属　别名/海桐花、山矾

● 花期 4 ~ 5 月　● 果期 9 ~ 10 月　● 产地 中国东南沿海及长江流域广为栽培

形态特征　常绿小乔木或灌木。高2 ~ 6米，枝条近轮生。树冠球形。叶聚生于枝顶，二年生，革质，倒卵形或倒卵状披针形。花序近伞形，花白色，有芳香，后变黄色，花瓣倒披针形。蒴果圆球形，有棱或呈三角形，直径12毫米。

栽培要点　喜光，略耐阴。喜温暖、湿润气候，有一定抗寒、抗旱能力。喜湿润、肥沃土壤，耐轻微盐碱，对土壤要求不严，以偏碱性或中性壤土栽培生长最好。萌芽力强，耐修剪。

园林应用　做花坛、绿篱，宜在建筑物四周孤植，或在草坪旁边丛植，也可修剪成球形，植于花坛、树坛、假山旁。也是海岸防潮林及防风林的优良树种。

芳香功能

花芳香，鲜花可提取精油与浸膏。根、叶和种子均可入药。对二氧化硫等有毒气体有较强的抗性。

矮紫杉 *Taxus cuspidata* var. *nana*

红豆杉科红豆杉属　别名/刺柏、红柏

● 花期 5 ~ 6月　● 果期 翌年9 ~ 10月　● 产地 日本

形态特征　半球状灌木。株型矮小，树姿秀美，终年常绿。叶螺旋状着生，呈不规则两列，与小枝约成45°角斜展，条形，基部窄，有短柄，先端具突出的尖，上面绿色有光泽，下面有两条灰绿色气孔线。假种皮鲜红色，异常亮丽。

栽培要点　浅根性，侧根发达，生长迟缓，枝叶繁茂，因此剪后可较长期保持一定形态。具有较强的耐阴性，极耐寒，可耐-30℃低温。在疏松、肥沃的壤土中生长良好。

园林应用　常孤植或群植，可作为绿篱植物，亦可盆栽观赏。

芳香功能

　　枝叶含挥发油，树皮可提取紫杉醇，具有防癌抗癌的功效。

粗 榧

Cephalotaxus sinensis

红豆杉科三尖杉属　别名/中国粗榧、粗榧杉

● 花期 3～4月　● 果期 8～10月　● 产地 中国

形态特征　常绿乔木或灌木。高达15米。髓心中部具树脂道，小枝常对生，基部有宿存芽鳞。叶对生或近对生，线形，排列成两列，质地较厚，通常直，稀微弯，叶背有两条白色气孔带。雄球花6～7聚生呈头状。种子翌年成熟，核果状。

栽培要点　阳性树种，较喜温暖，喜生于富含有机质的壤土内，抗虫害能力很强。生长缓慢，但有较强的萌芽力，耐修剪，但不耐移植。

园林应用　可与其他树种配植，或植于大乔木之下，也可种植在草坪边缘。也可作盆栽或孤植造景，老树可制作盆景观赏。其园艺品种可用作切花装饰材料。

芳香功能

枝、叶可提取精油。粗榧常被作为消积、驱虫药，同时具有消炎、润肺的功能。

红豆杉 *Taxus wallichiana* var. *chinensis*

红豆杉科红豆杉属　别名／观音杉、红豆树

树

● 花期 5 ~ 6月　　● 果期 翌年9 ~ 10月　　● 产地 中国

形态特征　常绿乔木。高达30米，胸径达60 ~ 100厘米。树皮灰褐色，裂成条片脱落。叶螺旋状着生，基部扭转排成两列，条形，微弯，有两条气孔带。雌雄异株，雄球花淡黄色。种子生于杯状红色肉质的假种皮中。

栽培要点　阴性树种，喜凉爽、湿润气候，抗寒性较强。喜湿润但忌积水，适合在疏松、湿润、排水良好的沙质壤土上栽培。浅根植物，其主根不明显、侧根发达，在自然条件下生长速度缓慢，再生能力差。

园林应用　可群植于公园、草坪等处。因其耐阴，可植于建筑物北侧，亦常作为盆栽观赏。

芳香功能

枝叶含芳香精油，树皮可提取紫杉醇，是天然的抗癌植物。种子含油60%以上，供制皂及润滑油。

枫香树 *Liquidambar formosana*

蕈树科枫香树属　别名/路路通、山枫香树

树 🌸

● 花期 3～4月　● 果期 8～10月　● 产地 中国、朝鲜、日本

形态特征　落叶乔木。高达40米。小枝有柔毛。叶轮廓宽卵形，边缘有锯齿，背面有柔毛或变无毛，掌状脉3～5条；托叶红色，条形，早落。花单性，雌雄同株；雄花排列成柔荑花序；雌花排列成头状花序。头状果序圆球形，宿存花柱和萼齿针刺伏。

栽培要点　喜温暖、湿润气候，喜光，幼树稍耐阴，耐干旱、瘠薄，不耐水涝。在湿润、肥沃而深厚的红黄壤土上生长良好。抗风力强，不耐移植及修剪。不耐寒，黄河以北不能露地越冬，不耐盐碱及干旱。

园林应用　秋色树种，可孤植、群植、配植于草坪上、坡地、池畔。可作防护林带、防火林带树种和抗污染树种。

芳香功能

枝、叶可提取精油。枫香树的树干受伤后分泌枫香脂。可应用于食品、药品和工业助剂等。

草珊瑚
Sarcandra glabra
金粟兰科草珊瑚属

● 花期 6月　● 果期 8～10月　● 产地 南亚、东南亚一带

形态特征 常绿半灌木。高50～120厘米。茎绿色，与枝均有膨大的节。叶革质，椭圆形、卵形至卵状披针形，长6～17厘米，顶端渐尖，基部尖或楔形，边缘具粗锐锯齿，齿尖有一腺体，无毛，叶柄基部合生成鞘状。穗状花序顶生。核果球形，熟时亮红色。

栽培要点 原生于海拔420～1 500米的山坡、沟谷林下阴湿地。喜温暖、湿润的气候，喜阴凉环境，忌强光直射和高温干燥。喜腐殖质层深厚、疏松肥沃、微酸性的沙壤土，忌贫瘠、板结、易积水的黏重土壤。

园林应用 适合作为地被植物栽培于林下阴凉处，也可室内盆栽观赏。

芳香功能

　枝叶含精油。全草可入药，有祛风通络，活血化淤功能，并具有消炎抗菌、清热解毒的功效。

金粟兰 *Chloranthus spicatus*

金粟兰科金粟兰属　别名/珠兰

● 花期 4～7月　　● 果期 8～9月　　● 产地 中国云南、四川、贵州、福建及广东

形态特征　多年生常绿半灌木。直立或稍伏地，高30～60厘米。叶对生，厚纸质，倒卵状椭圆形，边缘有钝齿，齿尖有一腺体；叶面光滑、浓绿，稍呈泡状皱起。穗状花序顶生排成圆锥花序状。花小，两性，无花被，有浓郁的兰花香气。

栽培要点　喜阴，喜温暖、湿润的气候，忌强光直射。怕高温，不耐寒。适生于肥沃、疏松、富含腐殖质的微酸性沙质壤土或山泥。

园林应用　适合庭院栽培，种于房前屋后或用于配植假山，观赏效果佳。可作为公园绿地绿化树种，也可室内盆栽观赏。

芳香功能

　　花和根状茎可提取芳香油。浸膏则可配制皂用、化妆品香精。鲜花极香，常用于熏茶。

蜡 梅 *Chimonanthus praecox*

蜡梅科蜡梅属　别名/素心蜡梅、臭蜡梅

● 花期 11月至翌年3月　● 果期 4～11月　● 产地 中国中部

形态特征　落叶灌木。高达4米。幼枝四方形，老枝近圆柱形，灰褐色。叶纸质至近革质，卵圆形、椭圆形、宽椭圆形至卵状椭圆形，基部急尖至圆形。先花后叶，花生于叶腋，花色蜡黄、淡黄或黄色带有紫斑，芳香，直径2～4厘米。

栽培要点　喜光，略耐阴，耐寒，耐旱，忌积水，不耐盐碱，花期怕风。喜土层深厚、肥沃、疏松、排水良好的微酸性沙质壤土。主要用嫁接、分株繁殖。

园林应用　主要应用于街头绿地、小游园和公园等处，采用孤植、丛植和群植的配置方式。

芳香功能

花有幽香，鲜花可提取精油，亦可食用。蜡梅花浸膏在市场上很受欢迎。

罗汉松 *Podocarpus macrophyllus*

罗汉松科罗汉松属　别名／罗汉杉、土杉

（树）

● 花期 4～5月　● 果期 8～9月　● 产地 中国

形态特征　常绿乔木。树冠广卵形。树皮灰褐色至暗灰色，浅纵裂，片状脱落。枝叶稠密，叶条状披针形，螺旋状互生，两面中肋明显隆起，表面浓绿色，背面黄绿色。雄球花穗状，常3～5簇生叶腋，雌球花单生，有梗。

栽培要点　喜温暖、湿润气候，耐寒性弱，耐阴性强，喜排水良好、湿润的沙质壤土，对多种污染气体抗性强，抗病虫害能力强。耐修剪，寿命长。

园林应用　可孤植作庭荫树，或对植、散植于厅、堂前。特别适合海岸及工厂绿化等，也可作动物园兽舍绿化用。

芳香功能

枝叶含芳香精油，树皮可提取紫杉醇，是天然的抗癌植物。肉质种托可食或药用。树皮能杀虫。

中华猕猴桃 *Actinidia chinensis*

猕猴桃科猕猴桃属　别名／猕猴桃、藤梨、羊桃藤

● 花期 6 ～ 11 月　● 果期 6 ～ 11 月　● 产地 中国华中、西南、华东等地

形态特征　落叶藤本。幼枝被毛，后全部脱落。叶纸质，营养枝的叶宽卵圆形或椭圆形；叶具睫状细齿，上面无毛或中脉及侧脉疏被毛，下面密被灰白或淡褐色星状茸毛；叶柄被灰白或黄褐色毛。聚伞花序 1 ～ 3 花，花初白色，后橙黄。果黄褐色，近球形，被灰白色茸毛，易脱落，具淡褐色斑点，宿萼反折。

栽培要点　喜深厚、肥沃、湿润且排水良好的土壤，喜光，略耐阴，喜温暖气候，有一定的耐寒能力。通常采用播种繁殖。

园林应用　观果观花树种，可用于植物园等专类园。

芳香功能

果实为著名水果，花可提取芳香油，可用作食品及糖果香料。

白兰花 *Michelia alba*

木兰科含笑属　别名/白兰、白缅桂

花 ⚙

● 花期 5～9月　● 果期 不结实　● 产地 印度尼西亚爪哇

形态特征　常绿乔木。高达17米，胸径30厘米，树皮灰色。叶互生，薄革质，长椭圆形或披针状椭圆形，全缘。花单生于叶腋，极香；花被片10片，披针形；雌蕊心皮多数，成熟时随着花托的延伸，形成蓇葖疏生的聚合果。果实熟时鲜红色。

栽培要点　喜光，喜温暖多雨气候及肥沃疏松的酸性土壤，不耐寒，低于5℃会发生寒害。对二氧化硫、氯气等有毒气体较敏感。常采用压条繁殖或嫁接繁殖。

园林应用　在南方可露地庭院栽培，是南方园林中的骨干树种。北方可以盆栽形式，布置庭院、厅堂、会议室。

芳香功能

有浓郁香气，可提取香精或熏茶，也可提制浸膏供药用。鲜叶可提取香油，称"白兰叶油"，可用于调配香精。

— 19 —

含 笑 *Michelia figo*

木兰科含笑属　别名/含笑花、笑梅

花

● 花期 3～5月　● 果期 7～8月　● 产地 中国华南南部

形态特征 常绿灌木。高2～3米。树皮灰褐色，分枝繁密。芽、嫩枝、叶柄、花梗均密被黄褐色茸毛。叶革质，狭椭圆形或倒卵状椭圆形。托叶与叶柄合生。花直立，淡黄色，边缘有时红色或紫色，花被片6，具甜浓的芳香，含蕾不全开，故称"含笑花"。聚合果。

栽培要点 喜弱阴，不耐曝晒和干燥、瘠薄，喜暖热多湿气候及酸性土壤，不耐石灰质土壤。

园林应用 以盆栽为主，庭院造景次之。适合在公园、小游园、医院、学校等地丛植，也可配植于草坪边缘或疏林下。

芳香功能

花有水果甜香，花瓣可拌入茶叶制成花茶，也可提取芳香油和供药用。

荷花玉兰 *Magnolia grandiflora*

木兰科木兰属　别名/大花玉兰、广玉兰

● 花期 5～6 月　● 果期 9～10 月　● 产地 中国北美洲东南部

形态特征　常绿乔木，在原产地高达30米。树冠阔圆锥形，芽及小枝有锈色柔毛。叶倒卵状长椭圆形，革质，叶背有铁锈色短柔毛，有时灰色。花白色，极大，直径15～20厘米，有芳香。聚合果圆柱状卵形，密被锈色毛，种子红色。

栽培要点　喜光，也耐阴，较耐寒。在深厚、肥沃、湿润的土壤中生长良好，对二氧化硫等有害气体抗性较强。生长速度中等，实生苗生长缓慢。

园林应用　大型植株可孤植草坪中，或列植于通道两旁；中小型者，可群植于花台上。

芳香功能

花有清香，可制芳香浸膏用。叶、幼枝和花可提取芳香油。叶可入药，木材可作家具。

黄山玉兰 *Yulania cylindrica*

木兰科木兰属 别名／黄山木兰

花 ✿

● 花期 4～5月 ● 果期 9月 ● 产地 中国安徽、浙江、江西、福建、湖北

形态特征 落叶乔木。高达10米。树皮灰白色，平滑。嫩枝、叶柄、叶背被淡黄色平伏毛。老枝紫褐色，皮揉碎有辛辣香气。叶膜质，倒卵形、狭倒卵形，倒卵状长圆形；叶面绿色，无毛，叶背灰绿色；叶柄有狭沟。花先叶开放，直立；花蕾卵圆形，被淡灰黄色或银灰色长毛；花被萼片状白色，基部常红色。聚合果圆柱形。

栽培要点 喜肥厚、疏松、富含腐殖质和排水良好的沙壤土。幼树稍耐阴，根系发达，萌蘖性强。耐寒而不耐干热。

园林应用 中国特有种，国家三级保护植物。优美的观花树种，可作行道树、公共园林及庭院观花树种。

芳香功能

花含芳香油，可提取浸膏及用于调配香皂、化妆品的香精。花蕾可入药。

南五味子 *Kadsura longipedunculata*
木兰科五味子属

● 花期 6 ~ 9月　● 果期 9 ~ 12月　● 产地 中国在黄河流域以南

形态特征 常绿木质藤本。各部无毛。叶互生，革质，椭圆形或椭圆状披针形。花单生于叶腋，雌雄异株；雄花花被片白色或淡黄色，8 ~ 17片；雌花花被片与雄花相似，雌蕊群椭圆体形或球形，具雌蕊40 ~ 60枚。聚合果球形，小浆果倒卵圆形。

栽培要点 喜温暖、湿润的气候，在阳光充足的环境下生长良好。耐半阴，稍耐寒，不耐贫瘠，忌土壤黏重积水。

园林应用 可配植于棚架、篱笆、廊架等处，是庭院和公园垂直绿化的良好树种。

芳香功能

　花有芳香。茎、叶、果可提取芳香油。具活血理气、祛风活络、消肿止痛之效。

玉 兰 *Yulania denudata*

木兰科玉兰属　别名/白玉兰、玉堂春、望春花

● 花期 2～3月　● 果期 8～9月　● 产地 中国江西、浙江、湖南、贵州

形态特征　落叶乔木。树冠广卵形，枝广展形成宽阔的树冠。叶纸质，倒卵形、宽倒卵形或倒卵状椭圆形，先端宽圆、平截或稍凹，具短突尖，中部以下渐狭成楔形。花大，花被片9，白色，基部常带粉红色。蓇葖果。

栽培要点　阳性树种。喜温暖、湿润气候，不耐盐碱，忌水涝，耐寒。喜深厚、肥沃而排水良好的酸性土壤，中性及微碱性土中也能生长，较耐旱，不耐积水，生长缓慢。

园林应用　在小区、公园、工厂、学校、庭院、路边都能见到其倩影。也可在草坪和庭院角隅、大门两侧等处种植。采用孤植、对植、丛植或群植均可。

芳香功能

花有香气，含芳香油，可提取配制香精或制浸膏。树皮可入药。

桂 花 *Osmanthus fragrans*

木樨科木樨属　别名/木樨

● 花期 9～10月　● 果期 翌年3月　● 产地 中国西南部

形态特征 多年生常绿小乔木或灌木。常树皮灰褐色。小枝黄褐色，无毛。叶片革质，椭圆形、长椭圆形或椭圆状披针形。聚伞花序簇生于叶腋，或近扫帚状，每腋内有花多朵，花冠淡黄色或橘红色。紫黑色核果，长1～1.5厘米。

栽培要点 喜光，也耐半阴，喜温暖、湿润的气候，不耐寒，耐高温，抗逆性强。用排水良好、富含腐殖质的沙质壤土栽培则生长良好，对土壤要求不严。

园林应用 庭前对植两株，即"两桂当庭"，是传统的配植手法。园林中常将桂花植于道路两侧、假山、草坪、院落等处。

芳香功能

　　鲜花可制成名贵的桂花浸膏，供配制高级香精，用于各种化妆品、香皂及食品中。

连翘 *Forsythia suspensa*
木樨科连翘属

● 花期 3～4月　● 果期 7～9月　● 产地 中国河北、山西、陕西、河南等地

形态特征 落叶灌木。高达3米。枝开展或下垂。叶通常为单叶或3裂至三出复叶，卵形或卵状椭圆形。花先叶开放，花冠黄色，花冠裂片4，萼片4，雄蕊常短于雌蕊，花单生或簇生。

栽培要点 阳性树种，耐半阴，耐寒，东北地区可露地栽培。喜温暖、湿润气候，耐干旱、瘠薄，怕涝。萌发力强，耐修剪。

园林应用 多用于公园、街头绿地、路边陡坡和居民小区内，主要采用片植和群植方式进行绿化应用，赏其黄金满枝的盛景。

芳香功能

种子含精油，种子油可用于制作化妆品等。种子可入药，有清热消肿之效。

茉莉花 *Jasminum sambac*

木樨科素馨属　别名／茉莉、抹丽、木梨花

● 花期 5～8月　● 果期 7～9月　● 产地 印度

形态特征 直立或攀缘灌木。高达3米。小枝圆柱形或稍压扁状，有时中空，疏被柔毛。叶对生，单叶，叶片纸质，圆形、椭圆形、卵状椭圆形或倒卵形。聚伞花序顶生，通常有花3朵；花序梗被短柔毛；苞片微小，锥形；花冠白色，裂片长圆形至近圆形，先端圆或钝。

栽培要点 喜温暖多湿气候，喜光，夏天阳光强烈宜遮阴。以排水良好、适度湿润的壤土为宜，过于干旱，生长会衰弱，花叶减少或容易落蕾。繁殖方式以扦插、压条为主。

园林应用 常作为盆栽观赏。

芳香功能

　　花可供茶叶赋香（如香片），可提炼精油、香料。具肌敛疮、清热解毒之效。

女贞

Ligustrum lucidum

木樨科女贞属　别名/蜡树、将军树

● 花期 5～7月　● 果期 7月至翌年5月　● 产地 欧洲和亚洲

形态特征　常绿乔木或大灌木。高6～15米。枝条开展，树冠呈倒卵形，树皮灰色，平滑，小枝无毛。叶片革质，卵形、长卵形或椭圆形至宽椭圆形，基部圆形或近圆形，全缘。圆锥花序顶生，黄白色。核果肾形或近肾形，熟时呈红黑色。

栽培要点　阳性树种，幼树略耐阴，喜温暖、湿润气候，较耐寒，北京适宜在背风向阳的地方栽培，可露地过冬。应选用肥沃、排水良好的土壤栽培。

园林应用　可作为行道树进行栽培，也可应用于街头绿地、小区和公园等处，采用对植、列植和群植。

芳香功能

　　花芳香，花期清香四溢，若片植更能体现闻香的效果。果实、叶、树皮、根均可入药。

清香藤 *Jasminum lanceolaria*

木樨科素馨属　别名/光清香藤

花 ✿

● 花期 5～8月　● 果期 9月　● 产地 中国四川、云南、西藏

形态特征 攀缘藤本。高1～3米。枝条有棱角，无毛。叶对生，羽状复叶；小叶椭圆状卵形、矩圆状卵形至披针形，无毛。聚伞花序顶生，有2～10花；花萼裂片条形，远比萼筒长；花萼筒状；花冠高脚碟状，花冠管纤细，花冠白色，也有外红内白的。浆果椭圆形，成熟时呈黑色。

栽培要点 喜温暖向阳的环境和排水良好、肥沃湿润的土壤，适应能力很强。扦插、压条、分株繁殖均可。

园林应用 可列植于围墙旁，遍植于山坡地，散植于湖塘边，丛植于大树下，也可家庭盆栽观赏。

芳香功能

花可制作浸膏和提取精油。其浸膏和精油是调配高级化妆品、香皂等香精的原料。

小 蜡 *Ligustrum sinense*

木樨科女贞属　别名／山指甲、花叶女贞

● 花期 3～4 月　● 果期 8～10 月　● 产地 中国长江以南

形态特征　落叶灌木，高2米左右。枝条密生短柔毛。叶薄革质，椭圆形至椭圆状矩圆形，叶背特别沿中脉有短柔毛。花芳香，圆锥花序，有短柔毛；花梗明显；花冠筒比花冠裂片短；雄蕊超出花冠裂片。核果近圆状。

栽培要点　喜光，稍耐阴，较耐寒，对土壤的要求不高，耐修剪。多以播种和扦插繁殖。

园林应用　庭植观赏或植于矿区，也可丛植林缘、池边、石旁。因其耐修剪，常修剪成几何形态运用于规则式园林或绿篱。不适合作树桩盆景。

芳香功能

花可提取精油。种子榨油可制肥皂。果实可酿酒，茎皮可制人造棉，叶可入药。

紫丁香 *Syringa oblata*

木樨科丁香属　别名／华北紫丁香

(花) ✿ ✿ ✿

● 花期 4～5月　● 果期 6～10月　● 产地 中国东北、华北、西北及山东、西藏

形态特征　落叶灌木。高达1米。树皮灰色，有沟裂。小枝灰色，平滑粗壮。叶片对生，革质或厚纸质，卵圆形至肾形。圆锥花序直立，花萼钟状，花冠紫色、蓝紫色或淡粉红色。蒴果扁而平滑。

栽培要点　在阳光充足的环境下生长良好，喜温凉的气候，耐寒，耐旱，忌高温高湿。栽培土质以中性或稍带碱性的肥沃沙质壤土为宜，酸性土壤生长不良。

园林应用　广泛栽植于庭院、公园、绿地和居民区等地。可列植、片植、对植、孤植和群植。

芳香功能

花芳香，可提取精油，被广泛应用于食品、化妆品、医药工业等领域。

黄 栌 *Cotinus coggygria*

漆树科黄栌属　别名/红叶、路木炸、浓茂树

● 花期 5～6月　● 果期 7～8月　● 产地 中国西南、华北和浙江

形态特征　落叶灌木或小乔木。高达8米。树皮暗灰褐色，树冠圆形。小枝紫褐色，被蜡粉。单叶互生，叶宽椭圆形至倒卵形，基部圆形至宽楔形，边缘全缘，先端圆形至微凹。圆锥花序顶生；花杂性，小型。有多数不孕花的紫绿色羽毛状细长花梗宿存。核果小，肾形，红色。

栽培要点　喜光，也耐半阴。耐寒，耐干旱、瘠薄和碱性土壤，不耐水湿，宜植于土层深厚、肥沃而排水良好的沙质壤土中。以播种繁殖为主。

园林应用　非常有名的秋季红叶植物，可群植成林观赏，也可孤植或丛植于草坪一隅、山石之侧。

芳香功能

叶可提芳香油，可做调香原料，并且黄栌叶片中含丰富的花青素，有望开发为新的天然食用色素。树皮可提取栲胶。

清香木 *Pistacia weinmanniifolia*

漆树科黄连木属　别名／紫油木、紫叶、香叶树

● 花期 3 月　　● 果期 9 ～ 10 月　　● 产地 中国云南中部、北部及四川南部等地

形态特征　常绿乔木。高 15 ～ 20 米。树皮灰褐色；小枝、嫩叶及花序密生锈色茸毛。叶有清香，双数羽状复叶，互生，叶轴有窄翅；小叶革质，矩圆形具芒状短硬尖，全缘，边稍向下面反卷，上面稍有光泽。圆锥花序腋生；花雌雄异株，小型，无花瓣；雄花萼片粉红色。核果球形，成熟时红色，上有网纹。

栽培要点　阳性树种，但稍耐阴，喜温暖。对肥料较敏感，幼苗尽量少施肥甚至不施肥。

园林应用　庭植美化、绿篱或盆栽。是石漠化地区进行绿化造林的先锋树种，也是分布区内主要的薪炭用材树种。

芳香功能

　　树皮、叶可提芳香油，民间常用叶碾粉制香料，具有多种食、药用功能。

黄连木
Pistacia chinensis
漆树科黄连木属　别名／楷木、黄连茶、岩拐角

● 花期 3～4 月　● 果期 9～10 月　● 产地 中国长江以南各省区及华北、西北

形态特征 落叶乔木。高可达25米。冬芽红色，有特殊气味。小枝有柔毛。偶数羽状复叶互生；小叶 10～12，具短柄，全缘，幼时有毛，后变光滑，仅两面主脉有微柔毛。花单性，雌雄异株，雄花排成密总状花序，雌花排成疏松的圆锥花序，花小，无花瓣。核果倒卵圆形。

栽培要点 喜光，幼时稍耐阴。喜温暖，畏严寒。耐干旱、瘠薄，以在肥沃、湿润而排水良好的石灰岩山地生长最好。以播种繁殖为主。

园林应用 是城市及风景区的优良绿化树种，宜作庭荫树、行道树及观赏风景树，也常作"四旁"绿化及低山区造林树种。

芳香功能

果可提取精油，作为调配香精的原料。种子榨油可作润滑油或制皂。幼叶可作为蔬菜，并可代茶。

栀 子 *Gardenia jasminoides*
茜草科栀子属　别名/黄栀子、栀子花

栀 花

● 花期 3～7月　● 果期 5月至翌年2月　● 产地 中国浙江、江西、福建、湖南等地

形态特征　常绿灌木。高达3米。单叶对生或3枚轮生，长圆状披针形、倒卵状长圆形、倒卵形或椭圆形，先端渐尖或短尖，基部楔形，两面无毛；托叶膜质，基部合生成鞘。花单朵生于枝顶，花冠高脚碟状，喉部有疏柔毛，萼筒宿存。果卵形、近球形、椭圆形或长圆形，黄或橙红色。

栽培要点　喜光，也耐半阴，喜温暖、湿润的气候，在肥沃湿润的酸性土壤中生长良好。不耐寒。繁殖方法以扦插、压条为主。

园林应用　是有名的香花观赏树种。可配植于庭院、小区、公园等处，也可盆栽观赏或作盆景植物，常被称为"水横枝"。

芳香功能

花可提取芳香浸膏，用于多种花香型化妆品和香皂及香精的调合剂。

夜香树 *Cestrum nocturnum*

茄科夜香树属　别名/夜来香、夜丁香瑰

● 花期 7～10月　● 果期 少见　● 产地 热带美洲，现广植于各热带地区

形态特征　直立或近攀缘状灌木。高2～3米。茎圆柱形，有长而下垂的枝条。单叶互生，纸质，矩圆状卵形或矩圆状披针形，全缘。花序伞房状，腋生和顶生，疏散；花晚间极香；花萼短，5齿裂；花冠狭长管状，上部稍扩大，5浅裂。浆果。

栽培要点　喜温暖、湿润和向阳通风环境，适应性强，但不耐寒，怕积水，要求疏松、肥沃、排水良好、富含腐殖质的微酸性壤土。常用扦插或分株法繁殖。

园林应用　盆栽观赏，热带地区可露地栽培，常布置于庭院、亭畔、塘边和窗前。也是非常优良的切花材料。

芳香功能

　　花含精油。花可熏茶。叶、花、果均可作蔬菜。花晚上开放，有浓香，具驱蚊作用。

— 36 —

大马士革玫瑰 *Rosa damascena*

蔷薇科 蔷薇属　别名/突厥蔷薇

● 花期 4 ~ 5月　● 果期 6 ~ 11月　● 产地 保加利亚

形态特征　多年生直立小灌木。高1.5 ~ 2米。小枝通常有粗壮钩状皮刺，有时混有刺毛，老茎干着生皮刺。小叶通常5 ~ 7（多7）；小叶片卵形、卵状长圆形，先端急尖；小叶柄和叶轴有散生皮刺和腺毛。花6 ~ 12朵，成伞房状排列；花梗细长，有腺毛；花径3 ~ 5厘米。果梨形或倒卵球形，红色，常有刺毛。

栽培要点　植株生长势强，对白粉病、锈病抗性强。植株较耐寒，适合在冬季寒冷、夏季阳光充足的地区栽培。喜土层深厚、疏松、透气良好的酸性或微酸性土地栽培，排水不良或地下水位高的土地，不适合种植。

园林应用　常作为花海、花境植物应用。

芳香功能

鲜花可提取玫瑰精油，制作香水、化妆品、芳香医疗及保健品等；花蕾制作玫瑰茶饮品。

滇红玫瑰 *Rosa gallica* 'Dianhong'

蔷薇科蔷薇属　别名／安宁八街玫瑰

花 ✿

● 花期 4月上旬至6月上旬，7 ~ 10月　● 果期 6 ~ 11月　● 产地 中国云南

形态特征　多年生直立小灌木。高1 ~ 1.5米。根系发达。枝密生大小不等皮刺，主枝绿褐色。羽状复叶，由5 ~ 7枚小叶组成，叶缘细小，具复锯齿，叶主脉微下凹，微Ⅴ形。花数朵簇生或单生，为伞房花序，花瓣16 ~ 22片，花径8 ~ 10厘米，雌、雄蕊成束黄色。果球形，黄褐色，萼宿存。

栽培要点　植株生长势中等，较耐寒，一般可耐−8℃低温，适合在云南海拔1 900 ~ 2 400米冬季冷凉、夏季凉爽、阳光充足的地区栽培，高温、高湿的地区病害较重。喜肥厚、疏松、透气良好的酸性或微酸性土栽培。

园林应用　花大，颜色丰富，可庭院栽培或盆栽观赏。

芳香功能

主要作鲜花饼的馅料、玫瑰糖、玫瑰原浆、玫瑰酒等食品的原料。

金边玫瑰 *Rosa Hybrid*

蔷薇科蔷薇属　别名/刺香玫瑰

● 花期 5 ~ 7月　● 果期 6 ~ 9月　● 产地 中国

形态特征 多年生小灌木。株高50 ~ 80厘米。根系发达，常为基部直立、上部多分枝、半直立或匍匐生长。茎阳面红褐色，着生斜勾小皮刺，皮刺绿褐色或红褐色。叶片卵圆形或椭圆形、光滑，叶先端急尖，基部近圆形或宽楔形，边缘细锯齿，小叶柄和叶轴有散生皮刺。花数朵簇生，为伞房花序，每个花序有花蕾6 ~ 18个，花瓣14 ~ 20片，花径3 ~ 6厘米。

栽培要点 植株易感白粉病、锈病、黑斑病。植株不耐寒，一般可耐–2℃低温。喜土层深厚、疏松、透气良好的酸性或微酸性土栽培。

园林应用 常用作庭院栽培或盆栽观赏。

芳香功能

花蕾可制成玫瑰花茶，也可用于制作玫瑰原浆、玫瑰酒等。

苦水玫瑰

Rosa sertata × Rosa rugosa

蔷薇科蔷薇属　别名／中国苦水多枝半重瓣红玫瑰

花 ✿

● 花期 4 ~ 6 月　● 果期 6 ~ 9 月　● 产地 甘肃省永登县

形态特征 多年生直立丛生灌木。高1.5 ~ 2米。分枝多、较细弱，新梢密生绿色或灰绿色细皮刺，老茎干皮刺红褐色、部分脱落。小叶通常7 ~ 11片，椭圆形，先端急尖；基部近圆形或宽楔形，边缘细锯齿，一片光滑。花单生或偶有2朵生；花梗短，有短茸毛；花直径4 ~ 6厘米；花瓣18 ~ 24片，偶有结实。果实扁球形，橘红色，萼片宿存。

栽培要点 抗病、抗寒，萌蘖力强。分株、压条、扦插、嫁接育苗。定植后2 ~ 3年可采花，能连续采20 ~ 25年。

园林应用 花繁叶茂，香气浓郁，常应用于庭院、公园绿化。

芳香功能

　　鲜花提取玫瑰精油，制作香水、化妆品、芳香医疗及保健品等；制作玫瑰干花蕾、玫瑰纯露、玫瑰糖酱等；观赏。

梅 *Armeniaca mume*

蔷薇科杏属　别名/干枝梗、西梅、梅

● 花期 冬春季　● 果期 5～6月　● 产地 中国各地均有栽培,以长江流域以南居多

形态特征　落叶小乔木,稀灌木。高4～10米。树皮浅灰色或带绿色,平滑。小枝绿色,光滑无毛。叶片卵形或椭圆形,叶边常具小锐锯齿,灰绿色。花单生或有时2朵同生于1芽内,先于叶开放;花瓣倒卵形;花萼卵形或近圆形,常呈红褐色。果实近球形,黄色或绿白色。

栽培要点　喜温暖、湿润的气候,耐寒性不强,较耐干旱,不耐水湿。花期对气候变化非常敏感,喜空气湿度较大的环境,但花期忌暴雨。

园林应用　常植于庭院、草坪、低山丘陵,可孤植、丛植、群植。又可盆栽观赏或加以整形修剪做成各式桩景,或作为切花瓶插。

芳香功能

　鲜花可提取香精。果可食用,制成各种蜜饯和果酱。种仁可入药。

墨红玫瑰 *Rosa* 'Crimson Glory'

蔷薇科蔷薇属　别名／朱墨双辉、法国墨红、墨西哥墨红

● 花期 3 ～ 12 月　● 果期 不结实　● 产地 德国

形态特征　多年生直立小灌木。株高 0.3 ～ 1.2 米。根系发达。枝着生大小不等皮刺，主枝绿褐色。小叶通常 3 ～ 5 片（多 5 片），偶有 7 片；小叶片椭圆形，先端急尖；基部近圆形或宽楔形，边缘细锯齿，叶片深绿、光滑。花鲜红色后转为黑红色，有丝绒质感，高新卷边后转为盘状，花径 10 ～ 12 厘米，花瓣 25 ～ 30 片。

栽培要点　植株开张，长势强健，易感白粉病、锈病、黑斑病；植株不耐寒，一般可耐 -2℃ 低温，适合在云南海拔 1 500 ～ 2 400 米，冬季冷凉、夏季温暖、阳光充足的地区栽培。喜土层深厚、疏松、透气良好、富含有机质的酸性或微酸性土栽培。

园林应用　常作为切花品种应用。

芳香功能

　　主要用于加工生产鲜花饼、玫瑰糖、玫瑰露、玫瑰茶、玫瑰色素、玫瑰细胞液、玫瑰酒等。

木香花 *Rosa banksiae*

蔷薇科蔷薇属　别名／七里香、木香、金樱

（花）

● 花期 4～5月　● 果期 9～10月　● 产地 中国四川、云南

形态特征　攀缘小灌木植物。高可达6米。小枝无毛，有短小皮刺；老枝上的皮刺较大，坚硬，经栽培后有时枝条无刺。叶互生，奇数羽状复叶；小叶3～5，稀7，小叶片椭圆状卵形或长圆披针形。花小型，多朵成伞形花序；萼筒和萼片外面均无毛，内面被白色柔毛；花瓣重瓣至半重瓣。

栽培要点　对土壤要求不严，喜湿润，但要避免积水。可用播种、扦插、嫁接和压条繁殖。栽培时应设棚架或立架，初期因其无缠绕能力，应适当牵引和绑扎。

园林应用　木香花是一种优良的垂直绿化材料，适作绿篱和棚架，用于布置花柱、花架、花廊和墙垣，非常适合家庭种植。

芳香功能

花含芳香油，可供配制香精化妆品用。花可作簪花、襟花，或浸制香精。花朵半开时可摘下熏茶。

千叶玫瑰 *Rosa centifolia*

蔷薇科蔷薇属　别名／百叶蔷薇、法国精油玫瑰

● 花期 4～6月　● 果期 6～11月　● 产地 法国引进的品种

形态特征　多年生直立小灌木。高1.5～2米。小枝无皮刺或皮刺脱落，老茎干无皮刺或偶生皮刺。小叶通常5或偶有7；小叶片卵形、卵状长圆形，先端急尖，基部近圆形，边缘有单锯齿。花4～10朵，成伞房状排列；花梗细长，有腺毛；花直径3～5厘米。果梨形或倒卵球形，红色，常有刺毛。

栽培要点　喜光，亦耐半阴，较耐寒，适生于排水良好的肥沃湿润地。参考大马士革玫瑰（P37）。

园林应用　其具芳香、抗寒的特性，常被应用在寒冷地区。

芳香功能

鲜花可提取玫瑰精油、制作香水、化妆品、芳香医疗及保健品等；花蕾制作玫瑰茶饮品。

桃 *Amygdalus persica*

蔷薇科桃属　别名/山桃、苦桃、山毛桃

● 花期 3 ～ 4 月　● 果期 8 ～ 9 月　● 产地 中国

形态特征　落叶小乔木。高 3 ～ 8 米。树冠宽广而平展，树皮暗红褐色，老时粗糙呈鳞片状。小枝褐色，光滑，芽并生，中间多为叶芽，两旁为花芽。叶片长圆披针形、椭圆披针形或倒卵状披针形，先端渐尖，基部宽楔形，叶边具锯齿。花单生，先于叶开放。果实卵形。

栽培要点　在阳光充足的环境下生长良好，耐旱，不耐水湿。适合在排水良好、富含腐殖质的沙壤土中栽培。繁殖方式以嫁接为主，也可用播种、扦插和压条法繁殖。

园林应用　可配植于庭院、公园、草坪、居住区等处观赏，果实可食用。

芳香功能

枝叶含精油 0.26%。主要是苯甲醛、苯甲酸乙酯类芳香成分。桃胶可作黏合剂。

野蔷薇 *Rosa multiflora*

蔷薇科蔷薇属　别名/多花蔷薇

● 花期 5月　● 果期 6～7月　● 产地 中国

形态特征　攀缘落叶灌木。高1～2米。小枝圆柱形，通常无毛。羽状复叶，小叶5～9，倒卵形、长圆形或卵形，先端急尖或圆钝，边缘有尖锐单锯齿，叶柄和叶轴有腺毛。花多朵，排成圆锥状花序；花宽卵形，先端微凹，基部楔形；萼片披针形。果近球形，红褐色或紫褐色，有光泽。

栽培要点　性强健，耐寒。喜光，耐半阴，在阳光比较充分的环境中，才能生长良好。对土壤要求不严，在黏土中也可正常生长，最好选择肥沃、疏松的微酸性土壤栽培。耐瘠薄，忌低洼积水。

园林应用　适合配植于棚架、亭廊、边坡，使其枝蔓自由下垂观赏。

芳香功能

鲜花含有芳香油，香气仅次于玫瑰精油，但也可用于化妆、皂用香精中。花、果及根可入药。

重瓣红玫瑰

Rose rugosa cv. *Plena*

蔷薇科蔷薇属　别名／平阴玫瑰、四季玫瑰

● 花期 4～10月　● 果期 8～10月　● 产地 山东平阴

形态特征　多年生丛状小灌木。3～4年生株丛高80～120厘米。植株紧凑，短枝性强。茎节间短，着生粗、细不等的皮刺，老茎少而短，基部皮刺较软，2～3年生枝条呈暗红色。小叶5～7枚，多为7枚，呈椭圆形，叶脉下凹褶皱明显，边缘向后翻卷，锯齿不明显，叶轴及小叶中脉背面有刺，叶绿色。花单生或聚生，重瓣；花径6.5～8.5厘米，花瓣35～65片。果扁形至近球形，橘红色，宿存萼不直立。

栽培要点　植株生长势中等，根萌蘖分生较强，对白粉病抗性强、锈病抗性中等。参考大马士革玫瑰（P37）。

园林应用　山区绿化、美化和水土保持的一种优良花木，不仅供人观赏，而且有很高的经济价值。

芳香功能

　　用鲜花提取出来的玫瑰精油，被誉为"精油皇后""液体黄金"，其成分纯净，气味芳香，既是香料产业的高级香料，又可用于食品、化工、美容产品的加香工艺。

金银花 *Lonicera japonica*

忍冬科忍冬属　别名/忍冬、金银藤、鸳鸯藤

● 花期 4～6月　● 果期 10～11月　● 产地 中国

形态特征　半常绿藤本。幼枝红褐色，常密被黄褐色毛，茎中空。叶对生，纸质，卵形至矩圆状卵形，小枝上部叶通常两面均密被短糙毛。总花梗通常单生于小枝上部叶腋，苞片大，叶状，卵形至椭圆形，小苞片顶端圆形或截形；花冠唇形，筒稍长于唇瓣，上唇裂片顶端钝形，下唇带状而反曲。果实圆形。

栽培要点　喜光，耐阴性亦强，生性强健，栽培容易。湿润、肥沃的沙质壤土生长佳。一般以扦插、压条、播种均可，春季为繁殖适期。摘心以促分枝，冬季将老株地上部剪去，仅留10厘米高，可促进枝叶更新，并立支柱以利攀缘。

园林应用　常用于垂直绿化，也可作为地被或庭院栽培。

芳香功能

　　花可供药用或提炼香精。根、枝、叶、花、果均可入药。

郁香忍冬 *Lonicera fragrantissima*

忍冬科忍冬属　别名/香忍冬、香吉利子、四月红

● 花期 2～4月　● 果期 4～5月　● 产地 中国华东、华中、华北等地

形态特征　半常绿或有时落叶灌木。高可达2米。老枝灰褐色。冬芽1对先端尖的外鳞片。叶卵状椭圆形至卵状披针形，厚纸质或带革质，先端短尖，基部圆形或广楔形，表面无毛。花先于叶或与叶同时开放，生于幼枝基部苞腋；花冠唇形，无毛，基部有浅囊；苞片披针形至近条形。果实鲜红色，矩圆形。

栽培要点　喜光，也耐阴，在温暖、湿润的环境下生长良好，耐寒、耐旱、忌水湿。对土壤要求不严，适合选用微酸性肥沃土壤栽培。

园林应用　常丛植于山坡、林缘、草坪边缘、公园路边，也可孤植、对植于建筑小区周围。也可盆栽或作为盆景植物观赏。

芳香功能

花芳香，鲜花可提取精油。根、嫩枝、叶均可入药。

— 49 —

金边瑞香 *Daphne odora* 'Aureomariginat'

瑞香科瑞香属　别名/瑞香、睡香、露甲

● 花期 3～5月　● 果期 7～8月　● 产地 中国长江流域以南

形态特征　常绿直立灌木。高约2米。枝粗壮，通常二歧分枝，小枝近圆柱形，紫红色或紫褐色，无毛。叶互生，纸质，长圆形或倒卵状椭圆形，先端钝尖。头状花序顶生，花外面淡紫红色，内面肉红色，无毛，花被筒状，香味浓郁。果实红色。

栽培要点　喜温暖、湿润的亚热带气候，耐阴性强，忌阳光曝晒。以肥沃、疏松、富含腐殖质的酸性土为宜，喜肥、生长季应每隔10天左右浅一次稀薄液肥。

园林应用　观叶、观花及制作盆景的好材料，适合孤植、丛植或盆栽观赏。

芳香功能

　花香气浓郁，以芳香而闻名。鲜花可提取精油。其浸膏有消炎、镇痛、抗过敏的作用。

白皮松 *Pinus bungeana*

松科松属 别名/白骨松、三针松、白果松

● 花期 4 ~ 5月 ● 果期 翌年10 ~ 11月 ● 产地 中国

形态特征 常绿乔木。高达30米，胸径可达3米。枝较细长，斜展，形成宽塔形至伞形树冠。树皮成不规则的薄块片脱落，幼树树皮光滑，老树皮白褐相间。针叶3针一束。球果。

栽培要点 幼树稍耐阴，成年树极喜光。耐干旱、瘠薄、较耐寒，也耐一定高温。深根性，寿命长，可达数百年。在土层深厚、湿润肥沃的钙质土或黄土上生长最好。生长温度范围 −30 ~ 40℃。

园林应用 以孤植和群植为主，多干型可以孤植于庭院、草坪、池畔，或配合假山进行配置。

芳香功能

松脂可提取松节油，叶含精油，枝叶挥发气体具有杀菌消毒、净化空气的作用，可吸收二氧化硫等有害气体。

黑 松 *Pinus thunbergii*
松科松属

● 花期 4～5月 ● 果期 翌年10月 ● 产地 日本及朝鲜南部海岸地区

形态特征 常绿乔木。高达35米。树皮灰黑色,树冠宽圆锥状或伞形,枝条开展。冬芽圆筒形,银白色。针叶2针一束,深绿色,有光泽,粗硬,边缘有细锯齿。雌球花单生或2～3个聚生于新枝近顶端,直立。球果圆锥状卵圆形或卵圆形。

栽培要点 强阳性树种,喜光,喜温暖、湿润的海洋性气候。耐寒,耐旱,耐瘠薄。对土壤要求不严,喜生于沙质壤土上。稍耐盐碱。

园林应用 著名的海岸绿化树种,可用作风景林、行道树或庭荫树,在纪念性园林中应用也较为普遍。

芳香功能

枝叶含精油,松脂可提取松节油。种子可食用,亦可榨油。

— 52 —

华山松 *Pinus armandii*

松科松属　别名／白松、五叶松

● 花期 4～5月　● 果期 翌年9～10月　▶ 产地 中国西北、西南、华中地区

形态特征　常绿乔木。高达35米，胸径1米。幼树树皮灰绿色或淡灰色，平滑，老则呈灰色。枝条平展，形成圆锥形或柱状塔形树冠，冬芽近圆柱形。针叶5针一束，稀6～7针一束，边缘具细锯齿。雄球花黄色，卵状圆柱形。球果圆锥状长卵圆形。

栽培要点　喜光，喜温凉气候，不耐炎热，不耐积水。喜酸性黄壤、黄褐壤土或钙质土，稍耐干旱、瘠薄，能生长于石灰岩石缝间。

园林应用　多用于郊野公园绿化，可用作园景树、庭荫树、行道树及林带树。

芳香功能

　　枝叶含精油，松脂可提取松节油。种子可食用，亦可榨油。

— 53 —

马尾松 *Pinus massoniana*

松科松属　别名／青松、山松

● 花期 4月　● 果期 翌年10～12月　● 产地 分布于中国长江流域至南部各地

形态特征　常绿乔木。高达40米。树冠在壮年期呈狭圆锥形，老年期则开张成伞状。干皮红褐色，呈不规则裂片。一年生小枝淡黄褐色，轮生。球果，有短柄，成熟时栗褐色，脱落而不宿存树上。

栽培要点　深根性树种喜光，不耐阴，喜温暖、湿润气候，耐寒性差。喜酸性黏质壤土，耐干旱、瘠薄。根系深广，侧根繁多并有菌根共生。

园林应用　常配植于山涧、谷中、岩际、池畔、道旁和山地，也适合在庭前、亭旁、假山之间孤植。

芳香功能

松针含精油，可提取松针油，供作清凉喷雾剂，皂用香精及配制其他合成香料。松脂可提取松节油，用于加工树脂，合成香料。

青杆 *Picea wilsonii*

松科云杉属　别名/魏氏云杉、细叶云杉

树

● 花期 4～5月　　● 果期 9～10月　　● 产地 中国

形态特征　常绿乔木。高达50米，树冠圆锥形。树皮灰褐色或暗灰色，小块状裂片，不脱落。大枝轮生，近平展，小枝有叶枕。叶四棱形，螺旋状着生，较短细，青绿色。球果卵状圆柱形或圆柱状长卵形下垂。种子具翅。

栽培要点　喜凉爽、湿润气候，耐阴，耐寒冷，喜深厚、湿润、排水良好的中性至微酸性土壤。浅根性，生长较慢，不耐移植。

园林应用　可孤植于花坛中心，孤植、丛植于草坪，对植于大门两侧，列植于绿化带，群植于公园绿地。

芳香功能

叶含精油，挥发气味具有杀菌消毒、净化空气作用。

— 55 —

日本五针松 *Pinus parviflora*

松科松属　别名／五钗松、日本五须松

● 花期 4～5月　● 果期 10～11月　●产地 日本南部

形态特征　常绿乔木，在我国常呈灌木状。高2～5米。幼树树皮淡灰色，平滑，老树树皮暗灰色，裂成鳞片状脱落。小枝有毛，冬芽卵圆形。针叶5针一束，细而短，有明显的白色气孔线，呈蓝绿色，稍弯曲。叶鞘早落。球果卵圆形或卵状椭圆形。

栽培要点　阳性树种，能耐阴，忌水湿，不耐热，不耐寒，生长缓慢。结实不正常，常用嫁接繁殖。喜疏松、肥沃、排水良好的微酸性土壤，土壤偏碱，容易使针叶发黄脱落，甚至死亡。

园林应用　常在建筑主要门庭、纪念性建筑物前对植，或植于主景树丛前。

芳香功能

松针含精油，可提取松针油，供作清凉喷雾剂，皂用香精及配制其他合成香料。松脂可提取松节油，用于加工树脂，合成香料。

雪 松 *Cedrus deodara*

松科雪松属　别名/宝塔松、香柏、喜马拉雅松　　⨁树 ✿

● 花期 10 ～ 11 月　● 果期 翌年 9 ～ 10 月　● 产地 在中国广泛栽培

形态特征　常绿乔木。在原产地高达75米。树干端直，树冠圆锥状。下部侧枝平展，近轮生；小枝柔软略下垂，叶在长枝上辐射伸展，短枝之叶成簇生状（每年生出新叶15 ～ 20枚）。叶针形，坚硬，淡绿色或深绿色。雌雄异株，雄球花椭圆状卵形，雌球花卵圆形。球果椭圆状卵形。

栽培要点　幼树较耐阴，成年树喜光。喜土层深厚、肥沃土壤，不耐盐碱，较耐寒，亦耐高温。不耐烟尘，对二氧化硫、氟化氢很敏感，可作大气监测树种。

园林应用　著名的庭院观赏树种之一。常对植、孤植和群植于草坪中央、建筑前庭、广场中心或园门入口等处。

芳香功能

　　枝叶含精油，挥发气味具有杀菌消毒、净化空气作用。

檀 香 *Santalum album*

檀香科檀香属

● 花期 5～6月　　● 果期 7～9月　　● 产地 太平洋岛屿

形态特征　常绿小乔木。高约10米。枝具条纹，有多数皮孔和半圆形的叶痕；小枝细长，节间稍肿大。幼叶展开略带黄色或粉红色；叶椭圆状卵形，膜质，边缘波状，稍外折，背面有白粉。三歧聚伞式圆锥花序腋生或顶生；花被管钟状，花被4裂，内部初时绿黄色，后呈深棕红色。核果，成熟时深紫红或紫黑色。

栽培要点　檀香根部最忌积水。对土壤的肥力要求较高，初期种植要做好追肥工作。生长需要一定的荫蔽，但不能太大。苗期寄主假蒿是草本植物，要及时割除。立杆扶持，防止苗木弯曲。

园林应用　可庭植，也可用于芳香植物专类园等。

芳香功能

檀香集芳香，药用，材用于一身，被誉为"绿色金子""香料之王"。树干和根可提取芳香油，是世界公认的高级化妆品的香料。木材碎屑还可用作香盘、焚香等。

澳洲茶树 *Melaleuca altermifolia*
桃金娘科白千层属　别名/茶香白千层、互叶白千层

● 花期 3 ～ 4 月　　● 果期 4 ～ 6 月　　● 产地 澳大利亚昆士兰州、新南威尔士州

形态特征　常绿小乔木。高 10 ～ 15 米。树干突瘤状变曲，树皮多层，松且柔软，具弹性，呈薄层片状剥落，灰白色。叶互生，长披针形，酷似相思树叶，长 2 ～ 5 厘米，平滑、革质、全缘。圆柱形穗状花序顶生于枝梢，小瓶刷状。蒴果半球形。

栽培要点　喜高温高湿的气候及富含有机质、排水良好的土壤。全日照，土壤适应性广泛，耐贫瘠或石砾地。春秋季为繁殖适期，以播种或扦插繁殖为主。速生，萌芽力强，定植后可多次收获。

园林应用　优美的庭院树、行道树、防风树。常应用于高速公路中央分隔带、下边坡、立交环岛等处。

芳香功能

　　从枝叶中提取的芳香油有明显的广谱杀菌和抗菌作用，被广泛应用于制药、日化、食品、香料等行业。

白千层 *Melaleuca leucadendron*

桃金娘科白千层属　别名／脱皮树、千层皮、玉树

● 花期 10月至翌年2月　● 果期 8～9月　● 产地 澳大利亚

形态特征　常绿乔木。高达20米。树皮灰白色，厚而松软，呈薄层状剥落，嫩枝灰白色。叶互生，革质，披针形或狭长圆形，两端尖，多油腺点，香气浓郁。花密集于枝顶成穗状花序，花序轴常有短毛，花瓣5枚，卵形。蒴果近球形。一年多次开花。

栽培要点　喜温暖、湿润的气候，在阳光充足的环境下生长良好。不耐寒，但能耐0℃低温。耐旱，耐瘠薄，生长迅速，抗性强，几乎无病虫害。一般采用种子繁殖。

园林应用　可作为行道树、园景树栽培。因树皮薄而多层，容易引起火灾，不可成林栽培。

芳香功能

枝叶中提取出的芳香油具有抗菌、消毒、止痒、防腐等作用，是生产洗涤剂、美容保健品等日用品的原料。

红千层 *Callistemon rigidus*
桃金娘科红千层属

树

● 花期 6 ～ 8月　● 果期 8 ～ 10月　● 产地 澳大利亚

形态特征 常绿灌木。高1～3米。树皮坚硬，暗灰色，不易剥离。嫩枝有棱，初时有长丝毛，不久变无毛。叶片革质，线形，先端尖锐。穗状花序生于枝顶；萼管略被毛，萼齿半圆形；花瓣绿色，雄蕊鲜红色，花药暗紫色，花柱比雄蕊稍长。蒴果半球形。

栽培要点 喜温暖、湿润的气候，耐烈日酷暑。不耐阴，不耐寒。在肥沃、潮湿的酸性土壤中生长良好，耐旱，耐瘠薄。萌芽力强，需适当修剪。

园林应用 华南地区可栽培于庭院、草坪、公园等处作观花灌木。也可植于公路边、防护林带。

芳香功能

枝叶中提取出的芳香油具有抗菌、消毒、止痒、防腐等作用，是生产洗涤剂、美容保健品等日用品的原料。

蓝桉 *Eucalyptus globulus*

桃金娘科桉树属　别名/尤加利

● 花期 4～9月　● 果期 6～10月　● 产地 澳大利亚的维多利亚及塔斯马尼亚岛

形态特征 大乔木。高30～60米。树皮光滑，灰白色，常片状剥落。幼态叶卵形，基部心形，有短柄或无柄，蓝绿色，被白粉；成熟叶镰状披针形。花径4毫米，单生或2～3簇生叶腋；萼筒倒圆锥形。蒴果半球形，有4棱，果缘平而宽，果瓣4。

栽培要点 喜阳光充足的环境。以排水良好的沙质壤土为佳，不喜移植，盆栽时可随生长调整花盆大小。以播种或高压法繁殖，扦插不易成活。

园林应用 可作为行道树、孤植树、群植树等，也可作为切花及干花。

芳香功能

叶可提取精油。可作为香料、医疗药品、驱虫剂、空气杀菌剂原料。

香桃木 *Myrtus communis*
桃金娘科香桃木属

● 花期 5 ~ 6月　● 果期 11 ~ 12月　● 产地 地中海地区

形态特征　常绿灌木或小乔木。叶芳香，革质，交互对生或3叶轮生，卵形至披针形，上面深绿色，下面暗灰色，叶柄极短。花芳香，中等大，被腺毛，通常单生于叶腋，稀2朵丛生；花瓣5，被腺毛，边缘毛较密。浆果圆形或椭圆形，大如豌豆，蓝黑色或白色。

栽培要点　喜温暖、湿润气候，喜光，亦耐半阴，萌发力强，耐修剪，病虫害少，适应中性至偏碱性土壤。

园林应用　适于庭院栽植，可作为花境背景树，栽于林缘或向阳的围墙前，形成绿色的屏障。也可用作居住小区或道路的高绿篱。

芳香功能

枝、叶、花、果均可提取精油，用作香气的修饰剂。干叶片和精油也常应用于露酒。花可作为色拉和料理的配料。叶片浸出液是消毒液，可作收敛化妆水，也可入茶。

代代橘 *Citrus × aurantium*

芸香科柑橘属　别名／酸橙、回青橙、玳玳橙

● 花期 4～5月　　● 果期 9～12月　　○ 产地 中国华北、华中、华南

形态特征 常绿灌木或小乔木。枝叶茂密，刺多。叶色浓绿，质地颇厚，翼叶倒卵形，基部狭尖。总状花序有花少数，有时兼有腋生单花，花蕾椭圆形或近圆球形。果圆球形或扁圆形，果皮稍厚至甚厚，难剥离，橙黄至朱红色，果肉味酸。花常悬于枝上数年而不凋，新花果同枝，几代果实共存，古有"代代"之称。

栽培要点 喜冬季无严寒、夏季无酷暑的湿润气候和充足的阳光。生长旺盛，根系发达，若为盆栽，一般1～2年应进行一次翻盆换土。

园林应用 是一种比较容易栽培的盆景果树。

芳香功能

花蕾可入茶，花、枝、叶、果实的精油都是重要的调香原料，广泛用于食品工业中。

花椒 *Zanthoxylum bungeanum*

芸香科花椒属　别名/蜀椒、秦椒、大椒

(果)

● 花期 4 ～ 5 月　● 果期 8 ～ 9 月　● 产地 中国华北、华中、华南均有分布

形态特征　落叶小乔木或灌木，高 3 ～ 7 米。茎干被粗壮皮刺。奇数羽状复叶，叶轴具窄翅，小叶对生，无柄，纸质，卵形、椭圆形，稀披针形或圆形，具细锯齿，齿间具油腺点，上面无毛，下面基部中脉两侧具簇生毛；聚伞状圆锥花序顶生。

栽培要点　喜光，不耐涝，生产中以播种繁殖为主。栽植密度宜稀不宜密。定植是关键，以芽刚开始萌动时栽植成活率最高，栽后应浇透水，生长季节追肥 2 ～ 3 次，干旱时并结合浇水。

园林应用　干旱、半干旱山区重要的水土保持树种。

芳香功能

花椒是一种传统的香料植物。果实可提取精油，可作调香原料，亦为麻辣型调味品。

九里香 *Murraya exotica*

芸香科九里香属　别名/千里香、石桂树

● 花期 4～8月　● 果期 9～12月　● 产地 亚洲热带

形态特征　常绿灌木或小乔木。高3～8米。多分枝，枝白灰或淡黄灰色。叶为奇数羽状复叶，有小叶3～9枚，小叶变化很大，有时退化为1枚，卵圆形或棱状卵圆形，叶面深绿而有光泽。花序通常顶生，为短缩的圆锥状聚伞花序，花瓣5片，盛花时反折。果阔卵形或椭圆形。

栽培要点　喜温暖、湿润的气候，喜光，耐半阴，耐干旱。不耐寒，低于0℃会受冻害。对土壤要求不严，在疏松肥沃、富含腐殖质的酸性土壤中生长良好。

园林应用　园林绿地中丛植、孤植，或植为绿篱，寒地可盆栽观赏。

芳香功能

花、叶、果均含芳香油，可用于化妆品香精、食用香精生产。全株可入药。

柠 檬 *Citrus × limon*

芸香科柑橘属 别名/柠果、洋柠檬、益母果

● 花期 4～5月　● 果期 9～11月　● 产地 喜马拉雅东部地区

形态特征　小乔木。小枝圆，有枝刺。叶较小，厚纸质，卵形或椭圆形，嫩叶及花芽暗紫红色，边缘有明显钝裂齿。单花腋生或少花簇生，花萼杯状。果椭圆形或卵形，柠檬黄色，难剥离。

栽培要点　不耐低温，生长发育适宜温度为25～30℃，超过40℃几乎停止生长。-3℃以下则易发生冻害，继续-3℃超过5小时则枝条开始枯死。生长旺盛，树势强，注意选择排水良好的土层深厚且富含有机物的土壤。

园林应用　重要的年宵观果花卉，常作为盆栽观赏。温暖地区也可以庭院栽培。

芳香功能

　　花、叶、果皮都含柠檬精油，但以果皮含油最多，达1.5%。主要用于饮食用香精，也用于化妆品香精及皂用香精中。叶及花均有很高的香料价值。

香 橼 *Citrus medica*

芸香科柑橘属　别名／酸橙、回青橙、玳玳橙

● 花期 4～5月　● 果期 10～11月　● 产地 亚洲热带

形态特征　常绿小乔木或灌木状。高达5米。幼枝、芽及花蕾均暗紫红色。单叶，无叶柄翅；叶椭圆形或卵状椭圆形，具细浅钝齿，叶柄短。总状花序，花可达12朵，有时兼有腋生单花，花瓣5。果椭圆形、近球形或纺锤形，重可高达2千克，果皮淡黄，味酸或稍甜。

栽培要点　宜在温暖、湿润气候，雨水充足地区生长。土壤以排水良好而较肥的壤土、沙壤土、黏壤土均可，忌干旱。

园林应用　一年开花多次，芳香宜人。果实硬且大，色金黄，悬垂枝头，倍加秋色。适于庭院栽植，又可盆栽观赏。

芳香功能

枝、叶、花、果均可提取芳香油。果皮油可用于生产调味、日化香精，为食品工业中的矫味剂和赋香剂。叶油可用于化妆品。

柚 *Citrus maxima*
芸香科柑橘属　别名/文旦、香栾

果

● 花期 4～5 月　● 果期 9～12 月　● 产地 东南亚

形态特征　常绿乔木。高 5～10 米，小枝扁，具长而柔弱的针刺。嫩枝、叶背、花梗、花萼及子房均被柔毛，嫩叶通常暗紫红色。叶大，厚质，色浓绿，阔卵形或椭圆形。总状花序，有时兼有腋生单花。果圆球形或近球形，果皮海绵质，油胞大。

栽培要点　喜温暖、湿润的气候。在排水良好的沙质中性土壤中生长良好，结果多且品质佳；生于酸性土壤者，结果少且品质劣；种植黏性土壤中则生长不良。

园林应用　既可观花又可观果，常栽培于庭院、屋前、山坡地。

芳香功能

　　花、叶、果皮均可提取芳香油，但有的品种叶油香气欠佳。柚花提取的浸膏为名贵天然香料，可调制各种花香型化妆品与食用香精。

芸 香 *Ruta graveolens*

芸香科芸香属　别名／七里香、香草、芸香草

树 ❀

● 花期 3～6月及冬季末期　● 果期 7～9月　● 产地 地中海沿岸地区

形态特征 多年生亚灌木，高可达1米，各部无毛但具腺点，有浓烈的特殊气味。二至三回羽状复叶，末回小羽裂片短匙形或狭长圆形，灰绿或带蓝绿色。花径约2厘米，萼片4片，花瓣4片。蒴果4浅裂，成熟时开裂或仅顶部开裂。

栽培要点 喜温暖、湿润的气候，在阳光充足的环境下生长良好。稍耐寒，忌水湿，要在通风良好的地方栽培。适合栽培于深厚肥沃、排水良好的沙质壤土中。

园林应用 可片植作为色带，也可丛植于花坛、花境中观赏。此外，芸香还是很好的干花材料及插花材料，应用较广泛。

芳香功能

　全株有强烈气味，枝叶含芳香油，可用作调香原料。全株可入药。

楠　木　*Phoebe zhennan*

樟科楠属　别名／桢楠、雅楠

● 花期 4 ~ 5 月　● 果期 9 ~ 10 月　● 产地 中国和南亚特有

形态特征　常绿乔木。高达30余米，胸径可达1米。芽鳞被灰黄色贴伏长毛。小枝通常较细，有棱或近于圆柱形，被柔毛。叶革质，椭圆形，先端渐尖或尾尖。聚伞状圆锥花序十分开展，被毛，每个伞形花序有花 3 ~ 6 朵，一般为5朵。果椭圆形，宿存花被片卵形。

栽培要点　喜温暖、湿润的气候，耐半阴，稍耐寒，能耐 −5℃ 低温。对立地条件要求较高，造林地宜选择土层深厚、肥润的山坡、山谷冲积地。生长速度较慢，病虫害少。

园林应用　常作为庭荫树、园景树应用，也是珍贵的防护林造林树种。木材纹理细密，为建筑、高级家具用材。

芳香功能

　　木材及根、枝、叶含有芳香油，生长过程中会挥发芳香气味，具有杀菌、净化空气的功效。

肉 桂 *Cinnamomum cassia*

樟科樟属　别名/玉桂、牡桂、菌桂

(树)

● 花期 6～8月　● 果期 10～12月　● 产地 中国

形态特征　常绿乔木，树皮灰褐色。单叶互生或近对生，长椭圆形至近披针形，革质，内卷，无毛，叶柄粗壮。圆锥花序腋生或近顶生，花被裂片，花丝被柔毛，扁平。果椭圆形，成熟时黑紫色，无毛，果托浅杯状。

栽培要点　喜温暖、湿润气候，忌积水，雨水过多会引起根腐叶烂。幼苗喜阴，成龄树在较多阳光下才能正常生长。要求土层深厚、质地疏松、排水良好、透气性强的微酸性、酸性沙壤土或壤土。繁殖方式有分蘖繁殖、扦插繁殖和种子繁殖。

园林应用　常用作绿化树种，在华南地区丘陵可造林栽培。

芳香功能

　　桂皮、枝、叶和种子均可提取芳香油，用于合成各种重要香料。桂油还是清凉油的主要原料。

香叶树 *Lindera communis*

樟科山胡椒属　别名/香油果、红果叶、红木姜

树

● 花期 3～4月　● 果期 9～10月　● 产地 中国华东、华中、华南、西南等地区

形态特征　常绿灌木或小乔木。高25米，胸径25厘米。树皮淡褐色，无毛，皮层不规则纵裂。叶互生，通常披针形、卵形或椭圆形，革质。伞形花序具5～8朵花，单生或两个同生于叶腋，总梗极短。雄花黄色，花被片6，卵形。雌花黄色或黄白色，花被片6，卵形。果卵形。

栽培要点　在阳光充足的环境下生长良好，耐半阴，喜温暖、湿润的气候，较耐寒，耐干旱、瘠薄，忌水湿。适合栽培于湿润、肥沃的酸性土壤中。

园林应用　可作为行道树、庭荫树或园景树。在瘠薄的坡地上密植，是较好的水土保持树种。

芳香功能

果实可提取芳香油，用于配制化妆香精和皂用香精。其枝叶经晒干或粉碎成粉末，可制成熏香。

樟 *Cinnamomum camphora*

樟科樟属　别名/香樟、芳樟、油樟

(树)

● 花期 4 ～ 5 月　● 果期 8 ～ 11 月　● 产地 越南、日本、朝鲜和中国

形态特征　常绿大乔木。高可达30米，直径可达3米。树冠广卵形，树皮黄褐色，有不规则纵裂。枝、叶及木材均有樟脑气味。枝条圆柱形，淡褐色，无毛。叶互生，卵状椭圆形，具离基三出脉。圆锥花序腋生，具梗。果卵球形或近球形，紫黑色。

栽培要点　喜光照充足、气候温暖、湿润的环境，不耐寒。对土壤无严格要求，在微酸性土壤中长势较好，较抗涝，在干旱的环境中长势不佳。

园林应用　常作为行道树、庭荫树、园景树。根、果、枝、叶可入药。

芳香功能

木材及根、枝、叶有浓郁的香气，可提取樟脑和樟油，樟脑和樟油供医药及香料工业用。

PART
2

草本植物

芦荟 *Aloe vera*

百合科芦荟属　别名/唐芦荟

● 花期 10月至翌年3月　● 果期 不易结实　● 产地 非洲热带干旱地区

形态特征 多年生肉质草本。茎节直立，叶近簇生或稍二列（幼小植株），肥厚多汁，条状披针形，粉绿色，顶端有几个小齿，边缘疏生刺状小齿。穗状花序，黄橘色筒状小花，花莛高60～90厘米；苞片近披针形，先端锐尖；花点垂，稀疏排列，淡黄色而有红斑。

栽培要点 喜温暖、干燥环境，忌高温多湿，全日照下生长良好，夏天需置于通风良好的半阴处；对土壤不苛求，但以排水良好的沙质壤土为佳，冬季需保持干燥；以分株为主，春至初夏为适期；可随时摘采叶片，生鲜使用。

园林应用 常用于布置多肉植物专类园，也可盆栽观赏。

芳香功能

　　含芦荟叶汁的乳液可有效缓解肌肤干燥。日晒后用的化妆水或沐浴乳亦适合添加芦荟叶汁。

麝香百合 *Lilium longiflorum*

百合科百合属　别名/铁炮百合、龙牙百合

● 花期 6 ～ 7 月　● 产地 中国台湾及日本南部诸岛

形态特征　球根植物。株高45 ～ 100 厘米。鳞茎球形或扁球形，黄白色，鳞茎抱合紧密。茎绿色，平滑而无斑点。叶多数，散生。狭披针形。花单生或2 ～ 3 朵生于短花柄上，平伸或稍下垂。基部带绿晕。具浓香。蒴果，种子扁平。

栽培要点　喜冷凉、湿润气候，耐半阴。要求肥沃、腐殖质丰富、排水良好的微酸性土壤。长日照植物，但也能在短日照下开花，在长日照下开花迅速。秋植球根，秋植后首先发根，然后萌芽但不出土，翌年早春破土出苗，并进行花芽分化。

园林应用　是一种高档的切花材料，也常用于花境。

芳香功能

花有浓烈香气，鲜花含有芳香油，油的主要成分为苯甲酚、松油醇等。花可作香精原料，鳞茎为香辛调料。花、鳞茎可入药。

玉 簪

Hosta plantaginea

百合科玉簪属　别名／玉春棒、白鹤花、小芭蕉

● 花期 6 ～ 7 月　● 果期 8 ～ 10 月　● 产地 中国及日本

形态特征　多年生草本。株高 40 厘米左右。叶基生成丛，具柄，叶柄有沟槽。叶片卵形至心脏形，具明显的弧形脉。花在夜间开放，花茎高 40 ～ 60 厘米，花 10 多朵呈密集总状花序；花被筒细长，花被裂片卵形，扩展似喇叭，具浓香。蒴果。

栽培要点　耐寒、喜阴湿环境，稍耐旱，不耐强烈日光照射。要求土层深厚、排水良好且肥沃的沙质壤土。生长期第 7 ～ 10 天施 1 次稀薄液肥。

园林应用　适合作花坛、花境、花丛、盆栽等。常用于林下地被栽植。

芳香功能

花香气浓烈，鲜花含芳香油可提取芳香浸膏，用于化妆品香精。全草均可入药。

紫 萼 *Hosta ventricosa*

百合科玉簪属　别名/紫玉簪、紫萼玉簪、白背三七

● 花期 7月中旬至9月上旬　● 果期 9～10月　● 产地 中国华东、西南等地区

形态特征　多年生草本。株高50厘米左右。根状茎粗壮，常直立，须根簇生，被绵毛。叶基生成丛状，叶色亮绿，多为卵形，具7对弧形脉。叶缘平或微有波状，叶柄长而粗壮。花莛由叶丛中抽出，总状花序，顶生数花，花被管下部筒状，向上骤然扩张为钟状。蒴果黄绿色，下垂，三棱状圆柱形，先端具短喙。

栽培要点　喜温暖、阴湿的环境，耐寒力极强，忌阳光长期直射。

园林应用　适合成片在林下、建筑物背阴处布置，是良好的阴生观花地被。

芳香功能

花香浓郁，可提取芳香浸膏，用于化妆品香精。

灵香草 *Lysimachia clethroides*

报春花科珍珠菜属　别名/零陵草、排草

草

● 花期 5月　● 果期 8～9月　● 产地 中国云南、广西、广东、湖南

形态特征　多年生草本植物，株高20～60厘米。茎下半部往往呈匍匐状，匍匐茎上生不定根，茎光滑无毛，具棱或狭翅。单叶互生，叶片呈卵形或椭圆形，全缘，灰绿色。花单生于叶腋，下垂，花柄纤细，花冠5深裂。蒴果球形，果皮灰白色，膜质。种子细小，多数黑褐色，有棱角。

栽培要点　喜阴凉、湿润环境，不耐高温，温度超过30℃会影响其生长，甚至死亡。可采用扦插繁殖和种子繁殖。选择荫蔽通风、阴凉、湿润、肥沃、排水良好的水沟两旁或杂木林下种植。

园林应用　灵香草是非常走俏的盆栽驱蚊花卉。其株型丰满美观，盆栽置放庭院、室内、阳台，不仅绿意盎然，芳香飘溢，还有很强的驱蚊效果。

芳香功能

灵香草为名贵的芳香植物，享有"香料之王"的美誉。全草含精油0.21%，被誉为"液体黄金"，在国际市场上价值极高，需求量很大。全草干后有浓郁香气，用其干枯的花叶或种壳填充香囊、挂饰、睡枕和靠垫等用品。

菖 蒲 *Acorus calamus*

菖蒲科菖蒲属　别名／臭草、大菖蒲、剑菖蒲

● 花期 6～9月　● 果期 9～10月　● 产地 中国南北各地均有分布

形态特征 多年生挺水型草本植物，全株有香气。根茎横走，稍扁，分枝。叶基生，基部两侧膜质叶鞘宽4～5毫米，到叶长1/3处逐渐消失；叶片剑状线形，基部对褶，草质，绿色，光亮。叶状佛焰苞剑状线形，肉穗花序斜上或近直立，圆柱形。浆果长圆形，成熟时红色。

栽培要点 喜冷冻、湿润气候，在阴湿的环境下生长良好。耐寒，忌干旱。生长适温为20～25℃，10℃以下停止生长。以富含腐殖质的壤土为宜，避免阳光直射。浇水一定要充足，不能干旱。通常用分株繁殖。日常除及时补充水分外，需定期施用少许肥料。

园林应用 叶丛青翠苍绿，叶形端庄整齐，是园林绿化中常用的水生植物。可盆栽，也可布置于水景岸边浅水处。

芳香功能

菖蒲是一种食用香料植物。根茎提取的芳香油可供医药和化妆品用。

奥勒冈 *Origanum vulgare*

唇形花科奥勒冈属　别名／牛至、披萨草

● 花期 7 ～ 9月　● 果期 10 ～ 12月　● 产地 欧洲地中海山区

形态特征　多年生草本。株高20 ～ 80厘米。直立性对生叶，叶长1 ～ 4厘米，叶片呈卵形，茎叶密布粗茸毛。开花前植物匍匐生长，开花时直立。小花管状、漏斗状，白色或淡紫色，具2唇瓣，通常有明显的苞片，轮生于丛状的花穗上。

栽培要点　喜阳光充足的温暖环境，适合种植于日照60% ～ 80%的场所，生长期每月追肥一次。选排水良好、肥沃的弱碱性土壤为佳。可以播种繁殖，但通常都是以分株或扦插繁殖。

园林应用　作为庭院景观植物应用。

芳香功能

全草可提芳香油，除供调配香精外，亦用作酒曲配料。此外它又是很好的蜜源植物。花可提炼出红色系染料，叶片可提炼出茶色、绿色系染料。

澳大利亚薄荷 *Mentha × gracilis*
唇形科薄荷属

草 菜

● 花期 7月　　● 果期 8月　　● 产地 欧亚大陆，非洲

形态特征　多年生草本。茎直立，株高55～70厘米，下部数节具纤细的须根及水平匍匐根状茎，四棱形，多分枝。叶披针形，先端锐尖，基部近圆形，边缘在基部以上疏生粗大的牙齿状锯齿。穗状花序顶生。口感及香味较温和，与薄荷风味及外形较接近。

栽培要点　对土壤的要求不严格，一般土壤均能种植。性喜阳光，土壤肥沃。常用扦插和分株繁殖，扦插在5～7月，分株在4～5月或11月进行。盛夏生长旺盛时，应对茎叶及时修剪、收获，以便通风。

园林应用　常栽培于林下、路边。

芳香功能

出油率低，可食用。在澳大利亚，大多将其搭配马铃薯及干奶酪烹调出特有的口味，用于泡茶、咖啡、果汁甜点、拌色拉及烹调皆可。

百里香

Thymus mongolicus

唇形科百里香属　别名/麝香草

● 花期 7～8月　● 果期 8～9月　● 产地 地中海西岸

形态特征　多年生常绿小灌木。茎多数，匍匐或上升，营养枝被短毛。叶为卵圆形，先端钝或稍锐尖，侧脉2～3对，在下面微突起，腺点多少有些明显，叶柄明显。头状花序，多花或少花，在花序下密被向下弯曲或稍平展的疏柔毛，下部毛变短而疏；花萼管状钟形或窄钟形，下部被柔毛。小坚果近球形或卵球形，稍扁。

栽培要点　喜凉爽气候，耐寒，半日照或全日照均可，喜干燥环境，对土壤要求不高，但在排水良好的石灰质土壤中生长良好。可播种繁殖、分株繁殖和扦插繁殖。宁可稍干一些再浇水，也不要一直是潮湿的状态。

园林应用　可用于家庭盆栽观赏。

芳香功能

　提炼的精油有杀菌作用，能消除雀斑，可减缓皮肤老化。叶片可结合各式肉类、鱼贝类料理做菜。

薄 荷 *Mentha candensis*
唇形科薄荷属 别名/薄荷草

● 花期 7～9月 ● 果期 10月 ● 产地 中国

形态特征 多年生草本。茎直立，株高30～60厘米，下部数节具纤细的须根及水平匍匐根状茎，四棱形，上部被倒向微柔毛，下部仅沿棱上被微柔毛，多分枝。叶披针形，先端锐尖，基部楔形至近圆形，边缘在基部以上疏生粗大的牙齿状锯齿。轮伞花序腋生，花萼管状钟形，萼齿5。

栽培要点 属生长旺盛、易养护的品种。长日照作物，喜光。对温度适应能力较强，其根茎宿存越冬，能耐-15℃低温。其生长最适温度为25～30℃。常用扦插和分株繁殖。

园林应用 可在园林绿化中应用，也可作蔬菜食用。

芳香功能

全草可提取薄荷油，用于医药、牙膏、漱口剂等制品，嫩芽尖也可药用。

齿叶薰衣草 *Lavandula dentata*
唇形科薰衣草属

● 花期 3 ~ 10月 ● 果期 9月 ● 产地 西班牙

形态特征 多年生中型直立灌木。长势较快，株高可达80 ~ 100厘米，冠幅可达100厘米。叶多，绿色，茎短且纤细，丛生；叶灰绿色的线形叶至披针叶，有齿裂，叶缘呈有规则的圆锯齿形。花穗少且短，花两性，管状小花较细小，每层轮生的小花彼此间较不紧密，最顶端没有小花，只有和花色一样的苞叶。花具有类似樟脑的香气。

栽培要点 宜在通风条件较好、排水良好、土层深厚、微沙性的微碱性或中性壤土生长。抗性好，花期长，不耐低温。花期过后及时修剪，每年春季及时补充有机肥。

园林应用 常作为花海景观、园林绿化应用。

芳香功能

不含芳香油，不作为加工品种。可用于香枕、香袋中，能驱虫且香气持久；可用于制作花茶。

大花夏枯草 *Prunella grandiflora*

唇形科夏枯草属

草

● 花期 春夏　● 果期 10 月　● 产地 欧洲、西亚、中亚

形态特征　多年生草本。株高25 ~ 40厘米。茎4棱，具柔毛状硬毛。根茎匍匐地下，节上有须根。叶卵状长圆形，先端钝，基部近圆形，全缘，两面疏生硬毛。轮伞花序，6朵小花聚成顶生穗状花序，花冠筒白色，两唇深紫色。小坚果近圆形，略具瘤状突起，在边缘及背面明显具沟纹。

栽培要点　喜阳光充足、温暖、湿润环境。耐寒，稍耐闷热，适应性强。不择土壤，但以疏松透气、富含腐殖质的土壤为佳。

园林应用　常见于地被或花境布置，也用于岩石园中点缀。

芳香功能

全草含精油，可通过蒸馏提取。全草可入药。果穗可泡茶，能祛暑散热，降压，明目。

冬香薄荷 *Satureja montana*
唇形科塔花属

● 花期 7月 ● 果期 不结实 ● 产地 欧亚大陆，非洲

形态特征 多年生小灌木，株高30～50厘米。茎粗壮，枝条繁多，叶片密集，叶披针形，先端锐尖，基部楔形至近圆形，叶全缘无锯齿。叶片大小和颜色随季节变化，由小到大，由浅到深，层层排列，层次分明，颇具观赏性。

栽培要点 对土壤的要求不十分严格，除过沙、过黏、酸碱度过重以及低洼排水不良的土壤外，一般土壤均能种植，以沙质壤土、冲积土为好。喜光照，耐旱、耐热，又耐寒，叶色春秋季为青绿色，冬季至初春渐变为深绿色或墨绿色。

园林应用 可作为地被植物，亦可栽培于阳台、庭院观赏。

芳香功能

出油率低，可食用，也可作为景观观赏。

凤梨薄荷 *Mentha rotundifolia* 'Variegata'

唇形科薄荷属　别名／花叶薄荷

● 花期 7 ～ 8 月　　● 果期 不结实　　● 产地 不详

形态特征　常绿多年生草本。株高 30 ～ 80 厘米，叶对生，椭圆形至圆形，叶色深绿，叶缘有较宽的乳白色斑。全株有清凉香气。揉搓后有更明显的特殊清凉香气。多集中于 7 月中旬至 8 月中旬开花，一朵花开放 2 ～ 3 天，同植株主枝上的花朵先开，分枝上的花朵后开放，开花次序由下而上。

栽培要点　适应性较强，喜湿润，耐寒，生长最适温度 20 ～ 30℃，属长日照植物。性喜阳光，现蕾开花期要求日照充足和干燥天气，喜中性土壤，喜肥，尤以氮肥为主。

园林应用　可作为花境材料或盆栽观赏，也可用作观叶地被植物。

芳香功能

出油率低。不可食用，作为景观观赏。

胡椒薄荷 *Mentha × piperita*

唇形科薄荷属　别名/椒样薄荷

● 花期 7～8月　● 果期 不结实　● 产地 美国、保加利亚、意大利等国

形态特征 多年生宿根草本。具匍匐根状茎，其上有节，每节有两个对生芽和芽鳞片。茎四棱形，直立。叶对生，长圆状披针形至椭圆形，顶端锐尖，叶面较平展，叶色鲜绿至暗绿，网状脉下陷，叶边锯齿深而锐。轮伞花序腋生，花萼筒状钟形。

栽培要点 喜温暖、湿润的环境，在生长期一般能耐40℃的高温，成长植株的地上部分遇重霜后渐渐枯萎，地下部分能耐–20℃低温，幼苗期遇–6℃的低温，只是叶面呈暗红色，并不受严重损害。以排水良好的沙质壤土或土层深厚壤土为佳。

园林应用 可作为地被植物应用，也可用于制作阳台、庭院景观。

芳香功能

提取薄荷精油，可用于制作化妆品，也可用于制作糖果、制药、牙膏。叶子可作为蔬菜，凉拌、清炒均可。在欧洲普遍用来泡茶。

藿 香 *Agastache rugosa*
唇形科藿香属　别名/合香、土藿香

草 菜

● 花期 6 ～ 9 月　● 果期 9 ～ 11 月　● 产地 亚洲，在中国广泛分布

形态特征　多年生草本植物。全草具有芳香气味，株高
1.5 ～ 1.8 米。茎直立、多分枝、四棱形，上部被极短细
毛。单叶对生，叶片心状卵形或至距圆状披针形，先端
渐尖，基部心形，边缘锯齿状，叶正面深绿色、背面浅
绿色，被微柔毛及腺点。轮伞花序，集生于主枝或侧枝
端集成穗状花序，花萼管状，萼齿三角形。

栽培要点　适宜湿润气候，选择土质疏松、肥沃、排水
良好的沙质平地或缓坡地，低洼、土壤黏重板结地段以
及荫蔽之处不宜种植。种子繁殖和分根繁殖均可，但常
用种子繁殖。一般情况下不需灌水。

园林应用　适用于花境，池畔和庭院成片栽植，也可盆
栽观赏。

芳香功能

　　茎、叶、花含有芳
香油，主要用作调香原
料，配制化妆品、香精。
也可用于牙膏、漱口剂
作矫味剂，用于香草茶、
甜点、炖煮或腌渍肉类
作食用香料。香精成分
主要为艾草醚及茴香脑，
所以气味类似八角，可
入药。

荆芥 *Agastache rugosa*

唇形科荆芥属　别名／樟脑草、凉薄荷、巴毛

● 花期 7～9月　● 果期 9～10月　● 产地 欧洲

形态特征 多年生草本植物。株高1.5米，全株被白色短柔毛。茎秆为方形，略带紫色，上部分枝较多。叶卵形或三角状心形，基部心形或平截，具粗齿。聚伞圆锥花序顶生，花萼管状，花冠白色，下唇被紫色斑点，上唇先端微缺，下唇中裂片近圆形，具内弯粗齿，侧裂片圆。小坚果三棱状卵球形。

栽培要点 喜温暖、湿润的气候，生长最适温度25℃左右，夏季温度过高、阳光毒辣时，可找遮盖物适当遮阴或及时通风。幼苗能耐0℃左右低温。忌干旱与积水，宜每年倒茬，种子发芽适宜温度为15～20℃，种子寿命为1年。多采用种子繁殖。

园林应用 可作地被植物，也可用于花境。

芳香功能

植株有特殊香气，全草含精油，是一种经济效益高、很有发展前途的保健型辛香蔬菜。可用作调味品，花和叶可制成香草茶，治疗感冒和失眠效果极好。

科西嘉薄荷 *Mentha requienii*

唇形科薄荷属

● 花期 6～9月　● 果期 9月　● 产地 科西嘉岛、撒丁岛、法国和意大利

形态特征　多年生草本。株高3～15厘米，叶长1.5～3厘米，茎直立，下部数节具纤细的须根及水平匍匐根状茎，多分枝。叶对生，叶极小，叶长2～7毫米。花白色。小坚果卵形，干燥，无毛，种子比较细小，出芽率偏低。

栽培要点　适应性较强，喜光，喜湿润，耐寒，生长最适温度20～30℃。对土壤的要求不十分严格，一般土壤均能种植。种子繁殖，种子比较细小，出芽率偏低，所以土壤需要疏松、透气、持水力高。

园林应用　可用作盆栽和地被植物。作为地被时当行走或踩踏在植物上时会生成一股浓郁的薄荷气味。耐踩踏，常被种植在通道，生长在石隙之中。

芳香功能

出油率低。可作为香料植物食用，也可用于制作甜薄荷酒。作为景观观赏。

蓝花鼠尾草 *Salvia farinacea*

唇形科鼠尾草属　别名／一串蓝

● 花期 7 ～ 10 月　● 果期 8 ～ 10 月　● 产地 北美南部

形态特征　多年生草本。株高30 ～ 60 厘米，植株呈丛生状，被柔毛。茎4 棱，光滑。叶对生，有短叶柄，宽披针形或条形，绿色，先端渐尖，边缘有锯齿。顶生总状花序，花朵被柔毛，花梗蓝紫色，萼钟形与花冠同色，花谢后萼宿存。坚果，卵形。

栽培要点　喜温暖、湿润和阳光充足环境。耐寒性较强，忌炎热，宜在疏松、肥沃和排水良好的沙质壤土或腐叶土中生长。

园林应用　用于花坛、花境或岩石园栽植。

芳香功能

全草芳香，可提取精油，有抗菌消毒的作用，同时有助于提高记忆力、明目安神。

兰香草 *Caryopteris incana*

唇形科莸属　别名/绒花、福州马尾、山薄荷

● 花期 6～10月　● 果期 6～10月　● 产地 中国广东、广西、湖南等地

形态特征　小灌木，高达60厘米。枝条圆柱形，密生茸毛。幼枝被灰白色短柔毛，后脱落。叶披针形、卵形或长圆形，先端尖，基部宽楔形或稍圆，具粗齿，两面被黄色腺点及柔毛。伞房状聚伞花序密集，花冠淡蓝或淡紫色，被柔毛。蒴果倒卵状球形。

栽培要点　在阳光充足的环境下生长良好，也耐半阴。喜温暖、湿润的气候，较耐寒，耐干旱及贫瘠。性强健，适应性强，不择土壤。养护管理粗放。

园林应用　可丛植于林缘、草坪、公园等处。

芳香功能

叶有特殊的香气，可提取精油。全草可药用，具祛风除湿、止咳散瘀的功效。

留兰香 *Mentha spicata*

唇形科薄荷属　别名/香花菜、香薄荷、假薄荷

● 花期 7 ~ 9月　● 果期 8 ~ 9月　● 产地 中国

形态特征　多年生草本。茎直立，高40 ~ 130厘米，绿色，钝四棱形，具槽及条纹。叶卵状长圆形或长圆状披针形，先端锐尖，基部宽楔形至近圆形，边缘具尖锐而不规则的锯齿。轮伞花序生于茎及分枝顶端，呈长4 ~ 10厘米、间断但向上密集的圆柱形穗状花序。

栽培要点　对土壤要求不十分严格，一般土壤均能种植。喜光。日照长，可促进薄荷开花，且利于薄荷油、薄荷脑的积累。常用扦插和分株繁殖，扦插在5 ~ 7月，分株在4 ~ 5月或11月进行。盛夏生长旺盛时，应对茎叶及时修剪、收获，以便通风。

园林应用　可作为地被植物应用，亦可栽培于阳台、庭院观赏。

芳香功能

全草有香气，可提取留兰香油，用于糖果、牙膏等，也供医药用。

罗 勒 *Ocimum basilicum*

唇形科罗勒属　别名/九层塔、甜罗勒

● 花期 7 ~ 9 月　● 果期 9 ~ 12 月　● 产地 非洲、美洲及亚洲热带地区

形态特征　一年生草本。株高 30 ~ 100 厘米，全株有香气。茎直立，四棱形，多分枝，密被柔毛。叶互生，有柄；叶卵圆形至卵圆状长圆形，全缘或有疏锯齿，背面有腺点。轮伞花序簇集成间断的顶生总状花序，各部均具微柔毛；苞片细小，倒披针形；花萼钟形，外被短柔毛，果时花萼宿存；花冠唇形。小坚果卵形。

栽培要点　选通风、向阳地块栽培。喜温暖、湿润气候，不耐寒，耐干旱，不耐涝，以排水良好，肥沃的沙质壤土或腐殖质丰富的壤土为佳。采用种子繁殖或扦插繁殖。采收期为 7 ~ 8 月，割取全草，除去细根和杂质，晒干即成。

园林应用　叶色翠绿或红紫，花簇鲜艳，具芳香气味，可作为庭院、花境、岩旁观赏。

芳香功能

　　全株含挥发油，可提炼精油。主要用作调香原料，配制化妆品、皂用及食用香精，亦用于制牙膏、漱口剂中作调味剂。

罗马薄荷

Mentha aruensis

唇形科薄荷属

● 花期 7 ~ 10月　　● 果期 不结实　　● 产地 欧亚大陆，非洲

形态特征　多年生草本。高25 ~ 30厘米，茎直立，下部数节具纤细的须根及水平葡匐根状茎，多分枝。单叶对生，叶长1 ~ 2厘米，长圆状披针形，边缘有粗锯齿，表面有微柔毛及腺点，揉之有辛凉香气。花顶生，轮伞花序，具有香气。小坚果卵形，干燥，无毛，种子比较细小，出芽率低。

栽培要点　适应性较强，喜光，喜湿润，耐寒，生长最适温度20 ~ 30℃。属长日照植物，日照长，可促进薄荷开花，且利于薄荷油、薄荷脑的积累。

园林应用　可作为地被植物应用。

芳香功能

叶可提取精油，促进消化、提神醒脑、强身解热、驱虫健胃、消除疲劳。也可入药，有祛风散热、止痛、健胃和祛痰的作用。可做料理、茶饮。

猫薄荷 *Nepeta cataria*
唇形科荆芥属　别名／猫草

● 花期 6 ~ 8 月　● 果期 7 ~ 9 月　● 产地 欧洲，后来被美国和其他国家引进

形态特征　多年生草本。高30 ~ 70厘米。茎直立，四棱形，基部带紫红色，上部多分枝。叶对生，基部叶有柄或近无桶，羽状深裂为3 ~ 5片；裂片线形至线状极针形。轮伞花序，多轮密集于枝端呈穗状。花小，花冠二唇形。小坚果4，卵形或椭圆形，表面光滑，棕色。

栽培要点　喜冷凉、全日照或半日照的环境。对土壤的要求不十分严格，一般土壤均能种植。种子繁殖，种子比较细小，出芽率偏低，所以土壤需要疏松、透气、持水力高。

园林应用　可作为地被植物应用。

迷迭香

Rosmarinus officinalis

唇形科迷迭香属　别名/海洋之露

草 菜 ✿

● 花期 9 ～ 11 月　● 果期 11 月　● 产地 地中海地区

形态特征　灌木。株高60 ～ 150厘米。茎及老枝圆柱形。幼枝四棱形，密被白色星状细茸毛。叶簇生，先端钝，基部渐窄，全缘，向背面卷曲，革质。花近无梗，对生，少数聚集在短枝的顶端组成总状花序；花萼卵状钟形，外面密被白色星状茸毛及腺体。

栽培要点　喜温暖气候，高温期生长缓慢，较能耐旱，宜在富含沙质、排水良好的土壤中生长。生长缓慢，再生能力不强，因此每次修剪时不要超过枝条长度的一半。多用扦插繁殖。

园林应用　作为园艺香料植物，常作为盆栽应用，有很高的观赏价值。

常见栽培种　直立白花迷迭香。

芳香功能

　　全株具香气，花和嫩枝可提取芳香油，可用于调配空气清洁剂、香水、香皂等化妆品原料，有较强的收敛作用。提取的精油可治疗神经性疾患和头痛、风湿。在西餐中作为牛排、土豆等料理中经常使用的香料。

柠檬薄荷

Mentha citrata

唇形科薄荷属　别名/柑橘薄荷、菠萝薄荷、酸橙薄荷

(草) (菜)

● 花期 7~8月　● 果期 不结实　● 产地 欧亚大陆及非洲

形态特征 多年生草本。茎直立，叶片浅绿色，因揉捻会产生柠檬香气而得名。植株光滑，带有黄色腺体点缀，呈深绿色，通常稍带紫色，特别是在叶子边缘处。叶缘呈锯齿状。轮伞花序，多轮密集于枝端呈穗状，紫色花萼上有非常明显的黄色腺体线。小坚果卵形，干燥，无毛，种子细小。

栽培要点 对土壤要求不十分严格，一般土壤均能种植，以沙质壤土、冲积土为好。喜光，土壤透气性要好，还要保证土壤中水分充足，但不能太潮湿。耐寒，过冬温度可在0℃左右。雨后要及时排出盆内积水。

园林应用 著名芳香植物，集观赏价值和芳香气味于一体，也可作为地被植物应用。

芳香功能

出油率低。可食用，药用。药用具有保肝利胆、镇痛、抗菌、抗炎等作用。食用可做汤、粥、茶饮等。

柠檬罗勒 *Ocimum × citriodorum*
唇形科罗勒属

● 花期 7 ~ 9月　　● 果期 9 ~ 12月　　● 产地 法国、中东地区

形态特征　一年生草本植物。株高30 ~ 60厘米。全株被稀疏柔毛，茎直立，多分枝，钝四棱形，叶对生，卵圆形，略有浅缺刻。花在花茎上分层轮生，每层有苞叶2枚，花6枚，成轮状花序；花萼钟形，花冠唇形。

栽培要点　喜温暖、湿润、向阳的环境，宜在排水良好的土壤中生长。适应性强，耐热，不耐涝，对土壤要求不严格。华南等地春、夏、秋三季均可随时播种，能自播繁殖，生长期也可扦插繁殖。

园林应用　可作盆栽或庭院背景，也可作为地被植物应用。

芳香功能

　　茎叶含较为丰富的维生素、微量元素，还含芳香油、茴香脑、丁香油酚等。全株含挥发油，可提炼精油。全草入药，有疏风行气、发汗解表、散瘀止痛之功效。

苹果薄荷

Mentha suaveolens

唇形科薄荷属　别名/毛茸薄荷、香薄荷　草 菜

● 花期 7～9月　● 果期 不结实　● 产地 欧洲西部和地中海西部

形态特征　多年生草本。高40～100厘米。茎直立，上部多分枝。叶对生，叶无柄，长椭圆形至近卵形，长3～5厘米、宽2～4厘米。叶子正反面有少量茸毛，边缘为锯齿状，全株散发苹果的香气。轮伞花序，多轮密集于枝端成穗状。

栽培要点　对土壤的要求不十分严格，除过沙、过黏、酸碱度过重以及低洼排水不良的土壤外，一般土壤均能种植，以沙质壤土、冲积土为好。喜光，土壤要有良好的透气性，还要保证土壤中水分充足，但不能太潮湿。

园林应用　可作为地被植物应用。

芳香功能

出油率低。可食用、药用。用于泡茶、咖啡、果汁甜点、拌沙拉及烹调皆可。

普列薄荷 *Mentha pulegium*
唇形科薄荷属

● 花期 9月　● 果期 不结实　● 产地 中欧及西亚

形态特征　多年生草本。植株呈匍匐性，高20～30厘米，茎四棱形，上部多分枝。叶对生，亮绿色，卵圆形或卵形，先端钝，基部近圆形，边缘具疏圆齿，但常为全缘，香气浓烈。轮伞花序，多轮密集于枝端呈穗状。

栽培要点　喜日照充足、通风良好的环境，以排水良好的沙质壤土或土质深厚壤土为佳。喜光，土壤要有好的透气性，还要保证土壤中水分充足，但不能太潮湿。

园林应用　可作为地被植物应用。

芳香功能

嫩枝可食用，能消暑散热，又可增进食欲，帮助消化，是良好的野味佳蔬。

巧克力薄荷

Menthae piperita 'Chocolate'
唇形科薄荷属

草 菜

● 花期 7月　● 果期 不结实　● 产地 欧洲地中海地区及西亚洲一带盛产

形态特征　多年生草本。株高20～40厘米。茎紫绿色，无毛。叶暗绿色，卵状披针形，先端渐尖，叶脉紫绿色，叶面光滑，叶柄长且被毛。花淡紫色，轮伞花序顶生，具浓烈的腥臭味。

栽培要点　喜日照充足、通风良好的环境，以排水良好的沙质壤土或土质深厚壤土为佳。喜光，土壤要有良好的透气性，还要保证土壤中水分充足，但不能太潮湿。

园林应用　可作为地被植物应用。

芳香功能

出油率低。可食用，一般用在西餐、烧烤上，带有淡淡的可可味。主要做景观应用。

日本薄荷 *Menthae arvensis*

唇形科薄荷属　别名/野薄荷

● 花期 8月　● 果期 不结实　● 产地 欧洲地中海地区及西亚洲一带

形态特征　多年生草本。株高50～80厘米，茎直立，四棱形，紫色，上部多分枝。叶披针形，有整齐锯齿，叶面褶皱，无茸毛，叶对生。轮伞花序，腋生，白色小花。植株带有浓香气。

栽培要点　喜日照充足、通风良好的环境，以排水良好的沙质壤土或土质深厚壤土为佳。喜光，土壤除了要有较好的透气性，还要保证土壤中水分充足，但不能太潮湿，以防积水。

园林应用　可作为地被植物应用。

芳香功能

　　出油率低，主要作景观应用。叶可入药。

神香草 *Hyssopus officinalis*
唇形科神香草属

● 花期 5～9月　● 果期 8～11月　● 产地 欧洲

形态特征　多年生草本植物（半灌木）。高20～70厘米。茎多分枝，钝四棱形。叶线形、披针形或线状披针形，全缘。顶生穗状花序，在上部花密集，下部花远离，冠筒几不伸出花萼。小坚果无毛。

栽培要点　应采用高垄栽培，现蕾期、开花期注意浇水，缺水将影响产花量。施肥以少量多次为宜，远离苗根挖穴，埋施氮磷钾多元素肥或腐熟的禽畜粪肥。

园林应用　适用于配置花坛，也可种植于路旁、假山石旁做点缀。也适合盆栽，绿化香化室内环境。

芳香功能

　　神香草是有名的香辛料与芳香植物，味道与薄荷非常相似。全株含芳香油，其精油叫"神香草油"，价格比薰衣草精油贵。叶可制作香草茶。

鼠尾草 *Salvia officinalis*

唇形花科鼠尾草属　别名/药用鼠尾草

● 花期 6～9月　● 果期 10～11月　● 产地 欧洲南部与地中海沿岸地区

形态特征　一年生草本，须根密集。茎直立，株高40～70厘米，钝四棱形，具沟，沿棱上被疏长柔毛或近无毛。茎下部叶为二回羽状复叶，上部叶为一回羽状复叶，具短柄，顶生小叶披针形或菱形，先端渐尖，侧生小叶卵圆状披针形。顶生穗状花，花小且多。小坚果椭圆形。

栽培要点　喜阳光充足或半阴的环境，夏季时避免阳光直射，需遮阴。以质轻、排水良好的碱性土壤为佳。通常采用扦插繁殖，也可用种子繁殖，春季为适期。叶片需趁开花前摘取。

园林应用　可用于庭院观赏植物或盆栽。

芳香功能

全草可提芳香油，可调配香精。还可制成香包。叶片具有杀菌灭菌、抗毒解毒、驱瘟除疫功效。茎叶和花可泡茶饮用，可清净体内油脂，帮助循环，养颜美容。

糖果薄荷

Mentha Haplocalycis
唇形科薄荷属

● 花期 8 ～ 9月　　● 果期 不结实　　● 产地 不详

形态特征　多年生草本。茎直立，株高20 ～ 30厘米，茎四棱形，茎紫色带有茸毛，上部多分枝。叶对生，卵状叶基近圆形，叶缘浅齿，新叶紫绿色，老叶为暗绿色，叶光滑，有褶皱，叶脉紫绿色，味甜香似绿箭口香糖。轮伞花序腋生。

栽培要点　喜日照充足、通风良好的环境，以排水良好的沙质壤土或土质深厚壤土为佳。喜光，土壤要有好的透气性，还要保证土壤中水分充足，但不能太潮湿。

园林应用　可作为地被植物应用，适合家庭摆放和垂直绿化应用。

芳香功能

出油率低，主要作景观应用。叶可入药。

甜薰衣草 *Lavandula heterophylla*

唇形科薰衣草属

● 花期 6月、9月　● 果期 9月　● 产地 地中海地区

形态特征　多年生草本，属于杂薰衣草品系。生性强健，生长速度快，株高可达100厘米。叶对生，狭披针形，叶的上部具锯齿，下部全缘，先端渐尖，基部楔形，灰绿色。穗状花序，具芳香，管状，整株开花，外观不如狭叶薰衣草鲜艳。

栽培要点　管理粗放，易栽培，喜光，耐热，耐旱，极耐寒，耐瘠薄，抗盐碱，可以大面积种植，出油率可高达1.5% ~ 3%，但精油质量不好。抗性强，花期过后及时修剪。应选择土壤疏松、肥力中等、排灌方便的地块栽培。

园林应用　常作为园林绿化植物应用，可大面积种于花坛、花境，观赏效果佳。

芳香功能

不含芳香油，不作为加工品种。

西班牙薰衣草 *Lavandula stoechas*

唇形科薰衣草属　　别名/法国薰衣草

● 花期 4～10月　● 果期 不结实　● 产地 南欧和北非

形态特征　多年生小型灌木。株高20～45厘米。花穗外形与其他薰衣草不同，顶部有数片形如兔耳朵的苞片，着生在近圆形至椭圆形的花穗上。花色有蓝、紫、桃红、粉红、白色与渐层等变化，苞片大小会随气候、营养状况、品种差异等发生变化。

栽培要点　喜阳光充足的环境，耐旱，耐瘠薄，宜在通风条件较好的环境下生长。生长期间保持微湿，等种植材料稍微干燥再浇水。耐寒性中等，一般可耐5～10℃低温。应选择土壤疏松、肥力中等、排灌方便的地块栽培。

园林应用　大面积种植，观赏价值较高，主要在花境和花海中应用。

芳香功能

　　花、叶中含有芳香油，但精油提取率低，不作为加工品种应用。

香青兰 *Dracocephalum moldavica*

唇形科青兰属　别名/青兰、野青兰、青蓝

● 花期 6 ~ 7月　● 果期 7 ~ 8月　● 产地 全国各地，新疆普遍栽培。

形态特征　多年生草本。株高0.6 ~ 1.2米。全株密被短毛。茎直立，四棱形，由基部分枝。叶对生，具短柄；叶片长圆状披针形，边缘具钝锯齿。轮伞花序生于茎上部叶腋；花萼二唇形，上唇3浅裂，下唇2深裂；花冠二唇形，外密被短柔毛；雄蕊二强。小坚果4枚，卵形，棕褐色，包于增大宿萼内。

栽培要点　喜温暖、阳光充足的环境，耐干旱，适应性强。对土壤要求不严，苗期要求土壤湿润，成株较耐旱。一般采用种子繁殖，种子发芽快而整齐，室温20 ~ 25℃时，种子第二天开始萌发，至第五天发芽结束。

园林应用　花期长，色彩优雅，芳香袭人，植株高度适中，对环境条件要求不高，可作一年生绿化植物。

芳香功能

　　国外作香料作物，用于生产糖果和化妆品。香青兰可用于配制胶姆糖、柑橘、蘑菇、香辛料等香精。全草可入药。

狭叶薰衣草 *Lavandula angustifolia*

唇形科薰衣草属　别名／英国薰衣草

● 花期 6 ~ 8 月　● 果期 9 月　● 产地 地中海沿海的阿尔卑斯山南麓一带

形态特征　多年生小型灌木。株高 40 ~ 70 厘米，丛生，多分枝，常为直立生长。叶互生，椭圆形披尖叶，或叶面较大的针形，叶缘反卷，叶长 2 ~ 6 厘米，宽 0.4 ~ 0.6 厘米。穗状花序顶生，花序长 5 ~ 12 厘米，下有一枝细长且无叶的茎，茎长 10 ~ 30 厘米。花冠下部筒状，上部唇形。具有强烈的香气。

栽培要点　喜阳光充足的环境，生长期间保持微湿，宜在早晨或傍晚进行。耐旱，耐瘠薄，宜在通风条件较好、排水良好、土层深厚、微沙性的微碱性或中性壤土生长。在苗期、现蕾初期和秋末及时补充肥料。花期过后及时修剪。多用扦插繁殖。

园林应用　有自己独特的观赏价值、得天独厚的浪漫气质，也可以作为景观植物大面积种植。

芳香功能

　花、叶中含有芳香油，精油香气属高级种类，是精制化妆品的重要原料。

薰衣草 *Lavandula angustifolia*

唇形科薰衣草属　别名／英国薰衣草

● 花期 6～10 月　　● 果期 10～11 月　　● 产地 地中海地区

形态特征　多年生草本或小灌木，全株有香气。茎直立，被星状茸毛，老枝灰褐色，具条状剥落的皮层。叶条形或披针状条形，被灰色星状茸毛，全缘且外卷。轮伞花序在枝顶聚集成间断或近连续的穗状花序。小坚果椭圆形，光滑。

栽培要点　喜冬季温暖、潮湿，夏季凉爽的气候条件。薰衣草虽然具有较强的耐瘠薄和耐旱能力，在定植后为促进薰衣草的快速发棵和提高产量，需要供给相对较多的水肥。

园林应用　适合大面积种植，作为花海景观。可用于布置花境、花坛或芳香专类园等，也可盆栽。

常见栽培种　莱文丝、蓝河、迷你蓝、维琴察、希德、优雅冰雪、优雅粉色、优雅天蓝色、优雅雪白、优雅紫色。

芳香功能

　　著名的芳香植物，叶子可作调味料；花、叶可提取精油，用于制作香皂、花露水、清凉油、发乳、化妆品的原料；用花作为配香，可生产薰衣草酒、薰衣草糖、薰衣草点心等；还可制作薰衣草茶。

莱文丝 *Lavandula angustifolia* 'Lavance'

蓝 河 *Lavandula angustifolia*

迷你蓝 *Lavandula angustifolia* 'Mini Blue'

维琴察 *Lavandula angustifolia* 'Vicenza Blue'

希　德 *Lavandula angustifolia* 'Hidcote Blue'

优雅冰雪

优雅粉色

优雅天蓝色

优雅雪白

优雅紫色

一串红

Salvia splendens

唇形科鼠尾草属　别名/万年红

● 花期 7～10月　● 果期 8～10月　● 产地 南美巴西

形态特征 多年生亚灌木状草本。株高30～90厘米。茎直立，四棱，具浅槽，光滑，茎节常为紫红色，茎基部半木质化。叶对生，卵圆形或三角状卵圆形，先端渐尖，基部截形或圆形，叶缘有锯齿。总状花序顶生，小花2～6朵轮生；花冠唇形，冠筒筒状，直伸，在喉部略增大；花萼钟状，与花冠同色。坚果，卵形，褐色。

栽培要点 喜光，喜高温、湿润的气候。不耐寒，温度低于0℃的地区不能露地栽培。喜深厚肥沃、富含腐殖质的酸性土壤，对碱性敏感。

园林应用 适用于花坛、花境、花丛，可大面积种植。也可盆栽观赏。

芳香功能

全草含精油，精油具杀菌作用。可入药，具凉血止血，清热利湿之效。

羽叶薰衣草 *Lavandula pinnata*
唇形科薰衣草属

● 花期 3 ~ 10月　● 果期 9月　● 产地 地中海沿海的阿尔卑斯山南麓一带

形态特征　常作一年生草本栽培。株高35 ~ 60厘米。叶形为二回羽状深裂叶，对生，叶色灰绿。植株开展，叶表有一层白色的粉状物而略呈灰白色。花蓝色管状小花有深色纹路，花穗的基部再长一对分枝花穗，呈三叉状，花茎15 ~ 25厘米，花穗3 ~ 6厘米，四季开花。

栽培要点　宜在通风条件较好、排水良好、土层深厚、微沙性的微碱性或中性壤土生长。极耐热，花期不断，不耐低温，低于5℃植株枯萎。花期过后及时修剪，施肥。

园林应用　常布置在乔、灌木下或地被、草坪过渡地带及路边、花园广场等处的花境、花带、花丛等环境，具有良好的观赏效果。

芳香功能

　　不含芳香油，不作为加工品种。

紫 苏 *Perilla frutescens*

唇形科紫苏属　别名／白苏、赤苏、红苏

● 花期 8～11月　● 果期 9～12月　● 产地 原产中国，主要分布于东南亚地区

形态特征 一年生直立草本植物。株高0.6～1.8米，茎四棱形，有明显凹槽，绿色或紫色，多分枝，密被细毛。叶阔卵形或圆形，先端短尖或突尖，基部圆形或阔楔形，边缘在基部以上有粗锯齿。叶柄长3～5厘米，背腹扁平，密被长柔毛。每花有一枚苞片，卵圆形，先端渐尖，花萼钟形。

栽培要点 对气候、土壤适应性都很强，喜阳光充足的环境，宜在排水良好、疏松、肥沃的沙质壤土中生长，喜温暖、湿润的气候，耐阴。苗期可耐1～2℃低温。较耐湿，耐涝性较强，不耐干旱。

园林应用 绿叶泛紫，草香浓郁，常将其成丛栽培，可盆栽观叶或庭院点缀。

芳香功能

全株含有挥发油，可提炼精油。有解表散寒、行气和胃的功能，主治风寒感冒、咳嗽、胸腹胀满等症。可蒸馏紫苏油，种子出的油也称苏子油。

胡卢巴 *Trigonella foenum-graecum*
豆科胡卢巴属

(草)(菜)(花)

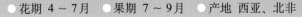

● 花期 4～7月　● 果期 7～9月　● 产地 西亚、北非

形态特征　一年生草本，高30～80厘米。茎丛生分枝，微被柔毛。羽状三出复叶；托叶全缘，膜质，被毛；小叶长倒卵形、卵形至长圆状披针形，幼时两面被毛，老叶仅下面疏被柔毛或秃净。花无梗，1～2朵着生叶腋；萼筒状，被长柔毛，萼齿披针形，与萼等长；花冠蝶形，白色，后渐变成淡黄色。荚果圆筒状。

栽培要点　耐旱性较强，适应各种气候和土壤条件。多采用种子繁殖。在南方多秋播（10～11月），北方多春播（4～5月上旬）。

园林应用　根系着生根瘤，对改良土壤，提高土壤肥力有重要作用。可用于水土保持，也可以作为园林植物，用于花坛、花境等。

芳香功能

胡卢巴是一种芳香植物、优良豆科饲用植物，此外，在欧洲又当作蔬菜食用。全株可提取精油，衍生物广泛应用于石油、化妆品、食品、医疗。全株干燥后研磨成粉，可用于糕点、烙饼的加香剂，也可用于肉类、饮料的赋香。

茅 香 *Anthoxanthum nitens*

禾本科黄花茅属　别名/绊脚丝、狭叶杜香、细叶杜香

● 花期 4～8月　● 果期 4～8月　● 产地 中国华北、西北、西南等地

形态特征　多年生草本。常簇生成大丛。叶片带状，基部长狭楔形，先端狭细。向下弯曲，正面青绿色，背面粉绿色；中脉宽，上面白色，背面绿色；叶鞘青红色，短于节间，圆柱形，革质，光滑，有圆形叶；叶舌卵形，粗糙，边缘被睫毛。圆锥花序延伸，紧缩或疏散；佛焰苞革质，无毛，狭披针形，先端渐尖；小穗成对，无芒。

栽培要点　喜全日照成半阴环境，极耐寒，不耐旱，栽培时土壤不可太过干燥。繁殖时可使用分株法繁殖。在每年的初夏至夏末时采收。

园林应用　很好的防风护坡材料，常种植于防护林、坡地、高速公路旁。

芳香功能

全草提取精油，商品名"白茅香油"，可用作调香原料。采收后阴干的植株可用乙醇提取浓缩为浸膏。精油中含香豆素，常作烟草、糕点、糖果赋香剂。

柠檬草 *Cymbopogon citratus*

禾本科香茅属　别名/柠檬香茅、香茅草

草　菜

● 花期 4～8月　● 果期 4～8月　● 产地 印度南部等地

形态特征　多年生草本。高达2米。植株丛生状，每丛直径可达2米。茎粗壮，节下被白色蜡粉。叶片宽条形，抱茎生长，长度可达1米，多为绿色，深浅因栽培环境而异。叶片两面粗糙，呈灰白色；叶鞘光滑无毛；叶舌质厚。偶见其开花，花序为松散圆锥花序。

栽培要点　喜温暖、湿润、多日照与排水良好的沙土地生长。由于柠檬草极少开花结实，因此繁殖以分根或分株繁殖为主。可采用机械收获或人工收获，留茬高度为20厘米时刈割的鲜草和精油产量较高。

园林应用　打造芳香植物专类园，还可用于庭院、花坛、花境。

芳香功能

柠檬草可作为非酒精性饮料、烘焙食品及糕点的香味剂，在印度、越南、泰国等国普遍用作汤类、肉类食品的调味料。全株含精油，主要用作香水、化妆品及肥皂、乳霜等加工产品的香精料。

红球姜
Zingiber zerumbet
姜科姜属　别名/野阳荷、球姜、凤姜

● 花期 7 ~ 9 月　● 果期 10 月　● 产地 中国广东、广西、云南等

形态特征　根茎块状，内部淡黄色。高0.6 ~ 2米。叶片披针形至长圆状披针形，无毛或背面被疏长柔毛；无柄或具短柄。花序球果状，顶端钝；苞片覆瓦状排列，紧密，近圆形，初时淡绿色，后变红色，边缘膜质，被小柔毛，内常贮有黏液。花初开时淡绿色，后呈红色。蒴果椭圆形，种子黑色。

栽培要点　喜半阴、温暖气候和排水良好的酸性土。春季发枝时分株繁殖。

园林应用　可作盆栽观赏，也可应用于庭院美化或池畔栽植。

芳香功能

　根茎提取芳香油作为香精的原材料，用于添加剂、香水、化妆品中。

姜 花 *Hedychium coronarium*

姜科姜花属　别名／蝴蝶姜、白草果、峨嵋姜花

● 花期 8～12月　● 果期 8～10月　● 产地 中国四川、云南、广东、湖南等地

形态特征　多年生草本。茎高达2米。叶长圆状披针形，先端长渐尖，上面光滑，下面被柔毛；无柄。穗状花序顶生，椭圆形，苞片覆瓦状排列，紧密，卵圆形；花白色，芬芳。

栽培要点　喜高温、高湿、稍阴的环境，在微酸性的肥沃沙质壤土中生长良好，冬季气温降至10℃以下，地上枯萎，地下姜块休眠越冬。喜疏松、肥沃、排水顺畅的酸性沙质壤土。常采用分株繁殖。

园林应用　盆栽和切花的好材料，也可庭院栽培，可观赏亦可食用。

芳香功能

　　花美丽、芳香，常栽培供观赏；花可提取芳香油，用于高级化妆品；亦可浸提姜花浸膏，用于调和香精中。

艳山姜 *Alpinia zerumbet*

姜科山姜属　别名/月桃

● 花期 6 ～ 7 月　　● 果期 7 ～ 9 月　　● 产地 印度及中国福建、广东、台湾等地

形态特征　多年生草本。高2～3米。根茎横生。叶革质，有短柄，矩圆状披针形，表面深绿色，背面淡绿色，边缘有短柔毛。圆锥花序，下垂。苞片白色，顶端及基部粉红色。花萼近钟形。蒴果卵圆形，具明显的条纹，且被稀疏的粗毛。果皮呈朱红色。

栽培要点　喜高温多湿的环境，不耐寒，耐半阴。在肥沃而保水性好的壤土中生长良好。繁殖方式常采用分株繁殖。

园林应用　盆栽适宜在厅堂摆设。室外栽培点缀庭院、池畔或墙角处，也可作为切叶。

芳香功能

　花具香气。种子含精油，可入药。

益 智 *Alpinia oxyphylla*
姜科山姜属　别名/益智仁、益智子

果

● 花期 3 ~ 6 月　● 果期 3 ~ 6 月　● 产地 中国广东、海南

形态特征 多年生草本。高1 ~ 3米。叶片披针形，边缘具脱落性小刚毛；叶舌2裂被淡棕色疏柔毛。总状花序在花蕾时包藏于鞘状的苞片中，花序轴被极短的柔毛；花萼筒状；唇瓣倒卵形，粉白色而具红色脉纹，顶端边缘皱波状。蒴果椭圆形至纺锤形。

栽培要点 喜温暖、潮湿的气候。宜在半荫蔽和湿度较大的环境中生长。要求疏松、肥沃的酸性土壤。定植覆土不宜过深。采用种子繁殖或分株繁殖。

园林应用 可作为园林小品的背景、庭院绿篱，或片植于林下。

芳香功能

种子含精油。果实供药用，有益脾胃，理元气，补肾虚的功用。

苍 耳

Xanthium strumarium

金粟兰科金粟兰属　别名／苍子、稀刺苍耳、菜耳

● 花期 8 ~ 9 月　● 果期 9 ~ 10 月　● 产地 在中国广泛分布

形态特征　一年生草本。高可达 1 米。根纺锤状。茎直立，不分枝或少有分枝，被灰白色糙伏毛。叶卵状三角形，有 3 ~ 5 不明显浅裂，边缘有不规则的锯齿或常成不明显的 3 浅裂，基出 3 脉，上面绿色，下面苍白色。雄性头状花序球形，雄花多朵，花冠钟形；雌性头状花序椭圆形，外层总苞片小，披针形，被短柔毛，内层总苞片结合成囊状，在瘦果成熟时变坚硬。

栽培要点　喜温暖、稍湿润气候，以选疏松、肥沃、排水良好的沙质壤土栽培为宜，用种子繁殖。

园林应用　常见田间杂草。

芳香功能

苍耳子油是一种高级香料的原料，并可可制油漆、油墨、肥皂、油毡的原料，还可制硬化油及润滑油。

香菫菜 *Viola odorata*
菫菜科菫菜属

● 花期 3 ～ 4 月　● 果期 5 ～ 6 月　● 产地 欧洲、非洲北部、亚洲西部

形态特征　多年生草本。无地上茎，具匍匐枝，高5 ～ 10厘米。根状茎较粗，密生结节。叶基生，叶片圆形或肾形至宽卵状心形，边缘具圆钝齿，两面被稀疏短柔毛或近无毛。花较大，有香气；花梗细长，被细柔毛或近无毛；花瓣边缘波状。蒴果球形，密被短柔毛。

栽培要点　忌高温多湿，栽培土质以疏松、肥沃壤土为宜。采用播种繁殖和分株繁殖。定植后的灌水非常重要，少施氮肥，以免影响开花。

园林应用　可用作地被植物，还可用于花坛。花色丰富，花形奇特，有单瓣和重瓣花，作为观赏用十分受欢迎。

芳香功能

　全草可提取精油。用石油醚浸提鲜花制得浸膏，被称为"紫罗兰浸膏"，是一种高级天然香料。花可作点心。甜香酒的调味品，同时也是色拉、肉料理的配菜。

锦 葵 *Malva sylvestris*

锦葵科锦葵属　别名／冬苋菜、钱葵、小蜀葵

● 花期 5 ～ 10月　● 果期 7 ～ 11月　● 产地 中国

形态特征　二年生或多年生直立草本。株高50 ～ 90厘米。分枝多，疏被粗毛。茎直立，自基部可抽出分枝，叶互生，圆心形或肾形，具5 ～ 7圆齿状钝裂片，基部近心形至圆形，边缘具圆锯齿。花腋生或顶生，穗状花序，花单瓣5枚，桃红色带深紫色纵纹，具微麝香气味，花瓣5枚，匙形，先端微缺。

栽培要点　性强健，喜温暖，可栽培于阳光充足之处，耐寒性强，耐阴性、耐风力差，需立支柱。以排水良好、富含有机质的沙质壤土为佳。秋冬为播种适期，为直根性，不耐移植。

园林应用　常应用于花坛、花境。

芳香功能

花可搭配沙拉，增添其色彩。叶与嫩芽可烫熟后食用。经干燥处理后的锦葵花朵制成的花草茶，刚泡时呈蓝色，随着时间变化与空气中的氧发生反应，而逐渐变成紫色。加入柠檬后变成粉红色。

白头婆 *Eupatorium japonicum*

菊科泽兰属　别名/泽兰、三裂叶白头婆

● 花期 6～11月　● 果期 6～11月
● 产地 中国东北、东南沿海、黄河中下游及长江中下游流域省区

形态特征 多年生草本。茎枝被白色皱波状柔毛，花序分枝毛较密。叶对生，质稍厚，中部茎生叶椭圆形、长椭圆形、卵状长椭圆形或披针形，基部楔形，羽状脉，两面粗涩，疏被柔毛及黄色腺点，边缘有细尖锯齿。总苞钟状，花白色或带红紫色、粉红色；瘦果，被多数黄色腺点，冠毛白色。

栽培要点 多用根状茎进行繁殖，春秋季进行；也可采用播种繁殖。适应性强，不择土壤。

园林应用 常应用于密疏林下、灌丛中、山坡草地、水湿地及河岸水旁，也可用于花境。

芳香功能

茎叶含芳香油，可作皂用的调香原料。全株可入药。

春黄菊 *Anthemis tinctoria*

菊科春黄菊属　别名/黄金菊、多花菊

(花)

● 花期 7 ~ 10月　● 果期 7 ~ 10月　● 产地 欧洲

形态特征　多年生草本。茎有条棱，带红色，上部常伞房状分枝，被白色疏绵毛。叶长圆形，羽状全裂，叶轴有锯齿，下面被白色长柔毛。头状花序单生枝端，有长梗；总苞半球形，外层披针形，先端尖，内层长圆状线形；雌花舌片金黄色；两性花花冠管状。瘦果四棱形。

栽培要点　耐寒，喜凉爽、阳光充足的环境，喜排水良好的肥沃沙质壤土。播种或分株繁殖。冬季要求干燥通风的环境。秋季应将老枝条剪掉以促生新茎越冬。

园林应用　良好的花境、花坛材料，也适合在公路、林缘成片种植，在别墅花园中也可作盆栽或切花。适合在遮阴性比较好的屋顶花园中种植。

芳香功能

花可提取精油，主要用于烟草和食品香精中。可改善卷烟气味，减少烟气刺激性。也可用于香粉、香波等日常香精中。

德国洋甘菊 *Matricaria recutita*

菊科母菊属　别名/春黄菊

● 花期 4 ~ 5 月　● 果期 5 ~ 6 月　● 产地 英国，栽培于德国、法国等地

形态特征　一年生草本，常有香气。株高 10 ~ 60 厘米。叶呈羽状分枝细裂，光滑深绿无毛，舌状。头状花序同型或异型；舌状花 1 列，雌性，舌片白色；管状花黄色或淡绿色，4 ~ 5 裂。瘦果小，圆筒状，褐色或淡褐色，光滑，无冠状冠毛或有极短的有锯齿的冠状冠毛。

栽培要点　部分遮阴至全日照均可，生长最适温度 19 ~ 20℃，30℃以上开花快，花寿命短。排水良好的土壤较好，适宜 pH 为 6，需要保持适宜湿度，忌积水。春季或秋季可进行播种繁殖。种子播种前以 6 ~ 7℃处理 10 天，有助于提高发芽率。随时采收嫩叶及花朵。

园林应用　常作为干花应用。

芳香功能

　　从洋甘菊花中提取精油，精油颜色为暗蓝色，在阳光下久置可变为绿色甚至褐色。

黄金艾蒿 *Artemisia vulgaris* 'Variegate'

菊科蒿属　别名/北艾

●花期 7 ~ 10 月　　●果期 7 ~ 10 月　　●产地 欧洲

形态特征　多年生草本。茎单生，具不明显的细棱，多分枝，茎、枝、叶及总苞片背面无毛。叶薄纸质，基生叶与茎下部叶花期凋谢，中部叶三角状卵形，二至三回羽状全裂。头状花序近球形，在分枝上通常每2 ~ 5枚成簇集生并排成穗状花序，而在茎上组成疏松、开展的圆锥花序。瘦果小，卵状椭圆形。

栽培要点　适应性强，喜光，稍耐阴，不耐热，耐寒。对土壤要求不严。

园林应用　可丛植于花境、花坛、岩石园，常作为色叶类品种应用。

芳香功能

　　叶有特殊香气，含有芳香油，可用于调配香精。叶还可入药。

藿香蓟 *Ageratum conyzoides*

菊科藿香蓟属　别名/胜红蓟、蓝翠球

● 花期 7～10 月　● 果期 9～10 月　● 产地 美洲热带地区

形态特征　多年生草本。株高30～60厘米。茎基部多分枝，丛生状，全株具毛。叶对生，卵形至心脏状圆形。花极小，头状花序璎珞状，密生枝顶。有株高1米的切花品种及矮生种和斑叶种。瘦果，黑褐色，5棱，有白色稀疏细柔毛，冠毛长圆形，顶端渐成芒状。

栽培要点　喜光，喜温暖、湿润的环境。对土壤要求不严，喜肥沃、排水良好的沙壤土。不耐寒，在酷热下生长不良。分枝力强。

园林应用　常用来配置花坛和地被，也可用于小庭院、路边、岩旁点缀。矮生种可盆栽观赏，高秆种用于切花。

芳香功能

全株含精油，可作调香原料。嫩苗可食用，根块可用于做汤或腌菜。

菊 花 *Chrysanthemum × morifolium*

菊科菊属　别名/食用菊

● 花期 8～11月　● 果期 9～12月　● 产地 中国，各地均有分布

形态特征 多年生草本。茎直立，叶互生，羽状缺裂，秋季开花，头状花序。单生或数个集生于茎枝顶端，周围舌状花为雌性花，具各种鲜艳颜色，中央筒状花为两性花，多为黄绿色。

栽培要点 喜温暖，耐高温，生长适温20～30℃，栽培处阳光需充足。以肥沃的土壤为宜，5～8月摘心数次，并追肥以促多分枝开花。可用分株及扦插法，春季为适期。入秋后陆续含苞，11月上旬为花采收期，花朵盛开、花瓣下垂时即可采收。

园林应用 常作为地被植物应用于花海、花境。

芳香功能

花朵经烘焙后可作香料、药用，冲泡菊花茶，或冰镇加冰块、蜂蜜更佳。

铃铃香青 *Anaphalis hancockii*

菊科春香青属　别名／铜钱花、铃铃香

- 花期 6 ~ 8 月　● 果期 8 ~ 9 月
- 产地　中国青海、甘肃、陕西、河北、四川等地

形态特征　多年生草本。根茎细长，匍枝顶生莲座状叶丛，茎被蛛丝状毛及腺毛。莲座状叶与茎下部叶匙状或线状长圆形，中部及上部叶直立，叶两面被蛛丝状毛及头状具柄腺毛，边缘被灰白色蛛丝状长毛，离基3出脉；头状花序在茎端密集成复伞房状；总苞宽钟状，红褐或黑褐色。瘦果长圆形被密乳突。

栽培要点　野生于山顶及山坡草地，海拔2 000 ~ 3 700米。耐旱、耐寒、耐瘠薄，对土壤要求不严。

园林应用　少见。

芳香功能

　　全株具有芳香气味，是重要的香料植物之一。全株可提取芳香油，还是一种天然的干花材料，具有数年不绝的芳香气味；可药用，具有清热解毒的功效。

蟛蜞菊 *Sphagneticola calendulacea*

菊科蟛蜞菊属　别名／黄花田路草、海砂菊、蛇舌黄

● 花期 3～9月　● 果期 7～10月　● 产地 美国南部与美洲热带

形态特征　多年生草本。株高30厘米以下。具匍匐茎，上部近直立，基部各节生不定根，分枝疏，被短毛。叶对生，条状披针形或倒披针形，先端短尖或钝，基部狭，两面密被伏毛。头状花序单生枝端或叶腋，舌状花黄色，筒状花两性，较多黄色，花冠近钟形，向上渐扩大。瘦果扁平，倒卵形。

栽培要点　喜温暖、湿润的气候，耐阴，不耐寒，低于0℃会冻死。耐旱，耐湿，耐贫瘠。抗风、耐潮，生性强健。

园林应用　常用作花坛植物，也适合做观花地被、护坡植物。

芳香功能

　　茎叶含精油，需经水蒸馏，用大孔树脂吸附取得精油。

千里光 *Senecio scandens*

菊科千里光属　别名/蔓黄菀、九里明

（草）

- 花期 8月至翌年4月　● 果期 8月至翌年4月
- 产地 分布于中国西北至西南、中部、东南地区

形态特征　多年生攀缓草本。茎长2～5米，多分枝，被柔毛或无毛。叶卵状披针形或长三角形，边缘常具齿，稀全缘，有时具细裂或羽状浅裂。头状花序有舌状花，排成复聚伞圆锥花序；舌状花黄色，长圆形；管状花多数，花冠黄色。瘦果圆柱形，被柔毛。

栽培要点　性强健。喜光，喜温暖、湿润的气候。对土壤要求不严，但以疏松、肥沃、排水良好的土壤为宜。繁殖方法有种子繁殖、扦插及压条繁殖等。

园林应用　可配植于篱笆、墙边等处，也可匍匐作地被观赏。

芳香功能

　枝叶与花含精油。精油中的植醇可作为合成维生素K和维生素E的原料。

矢车菊 *Centaurea cyanus*
菊科矢车菊属　别名/蓝芙蓉

● 花期 6 ～ 8 月　● 果期 8 ～ 9 月　● 产地 欧洲东南部

形态特征 一年生草本。株高60 ～ 80 厘米。全株多毛，幼时甚多，茎多分枝，细长。叶灰绿色，基生叶大，具深齿或羽裂，裂片线性。茎生叶披针形至线形，全缘。头状花序单生枝顶，有长总梗。果实椭圆形，有毛。冠毛刺毛状，与瘦果近等长。

栽培要点 喜光，喜冷凉的气候，耐寒，在华东地区可露地栽培。忌炎热。在疏松、肥沃的土壤中生长良好。

园林应用 常用于花坛、花境或岩石园，也可作为切花。

芳香功能

　　全草含精油。全草浸出液可明目，能入药。

万寿菊 *Tagetes erecta*

菊科万寿菊属　别名/臭菊、臭芙蓉

㊉草

● 花期 6 ~ 10 月　● 果期 9 ~ 10 月　● 产地 墨西哥

形态特征　一年生草本。株高25 ~ 90 厘米。茎直立，粗壮。单叶对生，羽状深裂，裂片披针形，先端细尖芒状，具明显的油腺点，有臭味。头状花序顶生，总花柄较长，中空，向上渐粗。瘦果，线形，褐色。

栽培要点　喜温暖，但稍能耐早霜，要求阳光充足，在半阴处也可生长开花。对土壤要求不严，但以疏松、肥沃、排水良好的土壤为好。

园林应用　作为花坛布置或花丛、花境栽植。

芳香功能

全草气味独特，可提取浸膏，是用于化妆品的天然香料。

矮万代兰 *Vanda pumila*
兰科万代兰属

● 花期 3～5月　● 果期 5～12月　● 产地 中国海南、广西、云南等地

形态特征　茎短或伸长，常弧曲上举，具多数二列的叶。叶稍肉质或厚革质，带状，外弯，中部以下常V形对折，先端稍斜截并且具不规则的2～3个尖齿，基部具宿存而抱茎的鞘。花序1～2个，花序轴上疏生1～3朵花；花序柄粗壮，基部被2～3枚筒状膜质鞘；花苞片膜质，宽卵形；花梗和子房粗壮，强烈扭转，具数个纵条棱；花向外伸展，具香气，萼片和花瓣奶黄色；中萼片向前倾，近长圆形，先端钝；侧萼片向前伸并且围抱唇瓣中裂片，稍斜卵形，先端钝；花瓣长圆形，先端尖。

栽培要点　参考大花万代兰（P144）。

园林应用　常作为盆栽观赏。

芳香功能

　　鲜花提取精油，制作香水、化妆品、芳香医疗及保健品等。

棒节石斛 *Dendrobium findlayanum*

兰科石斛属　别名／蜂腰石斛

● 花期 4～5月　● 果期 6月至翌年3月　● 产地 中国云南南部

形态特征　茎直立或斜立，具数节，节间扁棒状或倒瓶状。叶革质，互生于茎上部，披针形，先端不等2裂，基部具抱茎短鞘。花序具2花；苞片卵形；花白色，先端带玫瑰色；中萼片长圆状披针形，先端钝，侧萼片卵状披针形，与中萼片等大，先端近尖，萼囊近圆筒形；花瓣宽长圆形，与萼片等长较宽，先端尖，具短爪，唇瓣近圆形，凹入，先端尖，基部两侧具紫红色条纹。

栽培要点　适宜生长在温度15～28℃、空气湿度为60%以上温暖、潮温、半阴的环境中。参考兜唇石斛（P160）。

园林应用　常作为盆栽观赏。

芳香功能

　　鲜花提取精油，制作香水、化妆品、芳香医疗及保健品等。

报春石斛 *Dendrobium polyanthum*
兰科石斛属

● 花期 3～4月　● 果期 5月至翌年2月　● 产地 中国云南东南部至西南部

形态特征　茎下垂，厚肉质，圆柱形，不分枝，具多数节。叶纸质，二列，互生于整个茎上，披针形或卵状披针形，基部具纸质或膜质的叶鞘。总状花序具1～3朵花，通常从落了叶的老茎上部节上发出；花开展，下垂，萼片和花瓣淡玫瑰色；花瓣狭长圆形，先端钝，具3～5条脉，全缘；唇瓣淡黄色带淡玫瑰色先端，宽倒卵形，两面密布短柔毛，边缘具不整齐的细齿。

栽培要点　参考兜唇石斛（P160）。

园林应用　常作为盆栽观赏。

杯鞘石斛 *Dendrobium gratiosissimum*
兰科石斛属

● 花期 4～5月　● 果期 6月至翌年3月　● 产地 中国云南南部

形态特征 茎悬垂，肉质，圆柱形，具许多稍肿大的节，上部多少回折状弯曲。叶纸质，长圆形，先端稍钝并且一侧钩转，基部具抱茎的鞘。总状花序从落了叶的老茎上部发出，具1～2朵花；花白色带淡紫色先端，有香气，开展，纸质；花瓣斜卵形，先端钝，基部收狭为短爪，全缘，具5条主脉和许多支脉；唇瓣近宽倒卵形。蒴果卵球形。

栽培要点 参考兜唇石斛（P160）。

园林应用 常作为盆栽观赏。

芳香功能

　鲜花提取精油，制作香水、化妆品、芳香医疗及保健品等。

碧玉兰

Cymbidium lowianum

兰科兰属　别名／树葱慈姑

● 花期 4～5月　● 果期 6月至翌年3月　● 产地 中国云南西南部至东南部

形态特征　附生植物。假鳞茎狭椭圆形，略压扁，包藏于叶基之内。叶5～7枚，带形，先端短渐尖或近急尖。花莛从假鳞茎基部穿鞘而出；总状花序，具10～20朵或更多的花；花苞片卵状三角形；花无香；萼片和花瓣苹果绿色或黄绿色，有红褐色纵脉，唇瓣淡黄色，中裂片上有深红色的锚形斑；萼片狭倒卵状长圆形；花瓣狭倒卵状长圆形，与萼片近等长；唇瓣近宽卵形，3裂，基部与蕊柱合生达3～4毫米；侧裂片上被毛，尤其在前部密生短毛；中裂片上在锚形斑区密生短毛。

栽培要点　参考独占春（P161）。

园林应用　常作为盆栽观赏。

芳香功能

　鲜花提取精油，制作香水、化妆品、芳香医疗及保健品等。全草可入药，主治跌打、骨折、扭伤、外伤出血、筋伤；观赏。

齿瓣石斛 *Dendrobium devonianum*

兰科石斛属　别名/紫皮石斛、黄草石斛

● 花期 4～5月　● 果期 6月至翌年2月　● 产地 中国广西、贵州、云南等地

形态特征　茎下垂，细长圆柱形。叶纸质，2列互生于茎上，窄卵状披针形，基部具抱茎纸质鞘，鞘常具紫红色斑点。花序常数个，生于已落叶老茎上，每花序具1～2花；苞片卵形；花质薄，有香气，萼片和花瓣白色，上部带紫红色晕；中萼片与侧萼片卵状披针形，萼囊近球形；花瓣卵形，与萼片等长稍宽，具短爪，边缘具流苏；唇瓣近圆形，白色，前部紫红色，具短爪，边缘具复流苏，上面密被毛，唇盘两侧具黄色斑块；药帽前端边缘具齿。

栽培要点　参考兜唇石斛（P160）。

园林应用　常作为盆栽观赏。

芳香功能

　鲜花提取精油，制作香水、化妆品、芳香医疗及保健品等。

翅萼石斛 *Dendrobium cariniferum*
兰科石斛属

● 花期 3 ~ 4月　　● 果期 6月至翌年2月　　● 产地 中国云南南部至西南部

形态特征　茎直立或斜立，圆柱形或纺锤形。叶数枚，长圆形或舌状长圆形，先端稍不等2裂，基部具抱茎鞘，下面和叶鞘密被黑毛。花序近顶生，常具 1 ~ 2 花；苞片卵形；花开展，有橘子香气；中萼片淡黄白色，卵状披针形，背面中肋翅状，侧萼片淡黄白色，与中萼片等长，基部较宽，歪斜，萼囊淡黄带橘红色，漏斗状，近末端稍弯曲；花瓣白色，长圆状披针形，唇瓣喇叭状，3裂，侧裂片橘红色，半卵形，中裂片黄色，近横长圆形。

栽培要点　参考兜唇石斛（P160）。

园林应用　常作为盆栽观赏。

芳香功能

　　鲜花提取精油，制作香水、化妆品、芳香医疗及保健品等。

翅梗石斛 *Dendrobium trigonopus*
兰科石斛属

⬤花 ✿

● 花期 3 ~ 4 月　　● 果期 5 月至翌年 2 月　　● 产地 中国云南南部至东南部

形态特征 茎粗纺锤形或棒状，具 3 ~ 5 节。叶厚革质，3 ~ 4 近顶生，长圆形，基部具抱茎短鞘，下面脉上疏被黑毛。花序常具 2 花；苞片肉质；花下垂，不甚开展，质厚，除唇盘稍带淡绿色外，余为蜡黄色；萼片近相似，窄披针形，背面中肋隆起呈翅状，侧萼片基部部分着生蕊柱足，萼囊近球形；花瓣卵状长圆形，唇瓣直立，与蕊柱近平行，具短爪，3 裂，侧裂片近倒卵形，上部边缘具细齿，中裂片近圆形。

栽培要点 参考兜唇石斛（P160）。

园林应用 常作为盆栽观赏。

芳香功能

鲜花提取精油，制作香水、化妆品、芳香医疗及保健品等。

串珠石斛 *Dendrobium falconeri*

兰科石斛属　别名／新竹石斛、红鹏石斛

● 花期 5～6月 ● 果期 7月至翌年3月 ● 产地 中国湖南、广西、云南等地

形态特征 茎悬垂，细圆柱形，分枝节上常肿大成念珠状，常暗黑色。叶常2～3枚互生，窄披针形，先端钩转，基部具水红色纸质筒状鞘。花序常具单花，花序梗纤细；花质地薄，美丽；萼片淡紫或水红色，先端带深紫色，卵状披针形，侧萼片与中萼片等大，基部歪斜；花瓣白色，先端带紫色，卵状菱形，较萼片稍短较宽，先端锐尖；唇瓣白色，先端带紫色，卵状菱形，唇盘具深紫色斑块。

栽培要点 参考兜唇石斛（P160）。

园林应用 常作为盆栽观赏。

芳香功能

鲜花提取精油，制作香水、化妆品、芳香医疗及保健品等。

春 兰 *Cymbidium goeringii*

兰科兰属　别名/朵朵香、双飞燕、草素

● 花期 1～3月　● 果期 3～12月　● 产地 中国陕西、甘肃、江苏等地

形态特征　地生植物。假鳞茎较小，卵球形，包藏于叶基之内。叶4～7枚，带形，通常较短小，下部常多少对折而呈V形。花葶从假鳞茎基部外侧叶腋中抽出，直立，明显短于叶；花序具单朵花；花苞片长而宽，多少围抱子房；花色泽变化较大，通常为绿色或淡褐黄色而有紫褐色脉纹，有香气；萼片近长圆形至长圆状倒卵形；花瓣倒卵状椭圆形至长圆状卵形，与萼片近等宽；唇瓣近卵形；侧裂片直立；中裂片较大，强烈外弯。

栽培要点　参考莎叶兰（P186）。

园林应用　常作为盆栽观赏。

大苞鞘石斛 *Dendrobium wardianum*
兰科石斛属

（花）

● 花期 3 ~ 5月　● 果期 6月至翌年2月　● 产地 中国云南东南部至西部

形态特征　茎斜立或下垂，圆柱形，节间多少肿胀呈棒状。叶薄革质，2列，窄长圆形，基部具抱茎鞘。花序生于已落叶老茎上部，具1 ~ 3花，花序梗粗，基部具大鞘；苞片宽卵形，先端近圆；花大，白色，先端带紫色；中萼片长圆形，侧萼片与中萼片近等长，基部较宽而歪斜，萼囊近球形；花瓣宽长圆形，与萼片近等长较宽，具短爪，唇瓣宽卵形，中部以下两侧包蕊柱密被毛。

栽培要点　适宜生长在温度15 ~ 28℃、空气湿度为60%以上温暖、潮温、半阴的环境中。参考兜唇石斛（P160）。

园林应用　常作为盆栽观赏。

芳香功能

鲜花提取精油，制作香水、化妆品、芳香医疗及保健品等。

大根兰 *Cymbidium macrorhizon*
兰科兰属

花 🌸

● 花期 6～8月　● 果期 8月至翌年1月　● 产地 中国四川、贵州和云南等地

形态特征 腐生植物。无绿叶，亦无假鳞茎，地下有根状茎；根状茎肉质，常分枝，具节，具不规则疣状突起。花莛直立，紫红色；总状花序，具2～5朵花；花苞片线状披针形；花白色带黄色至淡黄色，萼片与花瓣常有1条紫红色纵带，唇瓣上有紫红色斑；萼片狭倒卵状长圆形；花瓣狭椭圆形；唇瓣近卵形，略3裂；侧裂片直立，具小乳突；中裂片较大，稍下弯。

栽培要点 基质应选择腐殖质丰富的种类。大根兰不具绿叶，不能依靠光合作用进行自养生活，在自然条件下，对共生真菌的需求更高。其他可参考莎叶兰（P186）。

园林应用 常作为盆栽观赏。

芳香功能

　　鲜花提取精油，制作香水、化妆品、芳香医疗及保健品等。

大花万代兰 *Vanda coerulea*
兰科万代兰属

● 花期 10～11月　● 果期 12月至翌年6月　● 产地 中国云南南部

形态特征 茎粗壮，具多数二列的叶。叶厚革质，带状，下部常V形对折，先端近斜截并且具2～3个尖齿状的缺刻，基部具关节和鞘。花序1～3个，近直立，不分枝；花序轴疏生数朵花；花序柄被3～4枚膜质筒状鞘；花苞片宽卵形，先端钝；花大，质地薄；萼片与花瓣相似，宽倒卵形，先端圆形，基部楔形或收窄为短爪；花瓣先端圆形，基部收窄为短爪；唇瓣3裂。

芳香功能

　　鲜花提取精油，制作香水、化妆品、芳香医疗及保健品等。

栽培要点 全年要求高温高湿，适合热带地区大量栽培。北方高温温室栽培，越冬温度要保持在20～25℃。每天定时浇水（喷水）1～2次。温度太低时，可适当减少浇水次数。北方温室栽培带状叶万代兰，夏季只需30%～40%遮阳网；棒叶万代兰在热带地区可以种在阳光直射的地方；北方温室栽培通常不必遮阳或少遮。

园林应用 常作为盆栽观赏。

滇桂石斛 *Dendrobium scoriarum*

兰科石斛属　别名／广西石斛、盘江石斛

● 花期 4～5月　● 果期 6月至翌年3月　● 产地 中国广西、贵州、云南

形态特征 茎圆柱形，近直立，不分枝，具多数节。叶通常数枚，二列，互生于茎的上部，近革质，长圆状披针形，先端钝并且稍不等侧2裂，基部收狭并且扩大为抱茎的鞘。总状花序出自老茎上部，具1～3朵花；花序柄基部被覆2枚膜质鞘；花苞片干膜质，浅白色，卵形，先端钝；花梗和子房黄绿色；花开展，萼片淡黄白色或白色，近基部稍带黄绿色；中萼片卵状长圆形，先端锐尖，具3～5条脉；侧萼片斜卵状三角形，与中萼片等长，先端锐尖，具3～5条脉；花瓣与萼片同色，近卵状长圆形。

栽培要点 参考兜唇石斛（P154）。

园林应用 常作为盆栽观赏。

芳香功能

　　鲜花提取精油，制作香水、化妆品、芳香医疗及保健品等。

叠鞘石斛 *Dendrobium denneanum*

兰科石斛属　别名/黄橙石斛

花

● 花期 5～6月　● 果期 8月至翌年2月　● 产地 中国广西、贵州、四川及云南等地

形态特征 茎圆柱形，不分枝，具多数节。叶互生，革质、线形或狭长圆形，基部具鞘，叶鞘紧抱于茎。总状花序侧生于茎的上端，具3～5朵花，花苞片膜质，浅白色，舟状；花橘黄色，开展；中萼片长圆状椭圆形，先端钝，全缘；侧萼片长圆形，先端钝；花瓣椭圆形或宽椭圆状倒卵形，先端钝，全缘；唇瓣近圆形，上面具有密布茸毛，边缘具不整齐的细齿。

栽培要点 适宜生长在温度15～28℃、空气湿度为60%以上温暖、潮湿、半阴的环境中。考兜唇石斛（P160）。

园林应用 常作为盆栽观赏。

芳香功能

鲜花提取精油，制作香水、化妆品、芳香医疗及保健品等。

鹤顶兰 *Phaius tankervilleae*

兰科鹤顶兰属　别名／大白及

● 花期 3 ~ 6月　● 果期 5 ~ 12月　● 产地 中国西南、华南地区及台湾

形态特征 假鳞茎圆锥形，被鞘。叶2 ~ 6枚，互生于假鳞茎的上部，长圆状披针形。花莛从假鳞茎基部或叶腋发出，圆柱形；总状花序具多数花；花苞片大，膜质，舟形；花大，美丽，背面白色，内面暗赭色或棕色；萼片近相似，长圆状披针形；花瓣长圆形，与萼片等长而稍狭；唇瓣贴生于蕊柱基部；侧裂片短而圆，围抱蕊柱而使唇瓣呈喇叭状。

栽培要点 喜温暖、湿润、半阴环境，宜在疏松、肥沃、排水良好、富含腐殖质的微酸性土壤栽培。忌干旱，忌贫瘠，稍耐寒。冬季休眠，保持盆土微潮，不宜浇水太多。

园林应用 常作为盆栽观赏。

芳香功能

鲜花提取精油，制作香水、化妆品、芳香医疗及保健品等。假鳞茎可入药。

兰科

兜唇石斛 *Dendrobium aphyllum*

兰科石斛属　别名/天宫石斛、瀑布石斛、倒垂春石斛

● 花期 3 ~ 4 月　● 果期 6 ~ 12 月　● 产地 中国、印度、尼泊尔、不丹等地

形态特征　茎下垂，肉质，细圆柱形，不分枝，具多数节。叶纸质，二列互生于整个茎上，披针形或卵状披针形。总状花序几乎无花序轴，每 1 ~ 3 朵花为一束，从落叶或具叶的茎上发出；花开展，下垂；萼片和花瓣白色带淡紫红色或浅紫红色的上部或有时全体淡紫红色；花瓣椭圆形。

栽培要点　适宜生长在温度15 ~ 28℃、空气湿度为60%以上温暖、潮湿、半阴的环境中。栽植时选用四壁多孔的塑料盆或陶瓷盆，基质采用能通风透气滤水的泥炭、树皮块、木炭块等。生长季节浇水要干湿相间，薄肥勤施。生长旺盛期每天浇水并注意通风，冬季休眠期应少浇水。

园林应用　常作为盆栽观赏。

芳香功能

鲜花提取精油，制作香水、化妆品、芳香医疗及保健品等。

— 160 —

独占春 *Cymbidium eburneum*

兰科兰属

● 花期 2～5月　● 果期 4月至翌年1月　● 产地 中国海南、广西和云南

形态特征　附生植物。假鳞茎近梭形或卵形，包藏于叶基之内，基部常有由叶鞘撕裂后残留的纤维状物。叶6～11枚，带形，先端为细微的不等的2裂。花莛从假鳞茎下部叶腋发出，直立或近直立；总状花序，具1～3朵花；花苞片卵状三角形；花较大，不完全开放，稍有香气；萼片与花瓣白色，有时略有粉红色晕，唇瓣亦白色，中裂片中央至基部有一黄色斑块；萼片狭长圆状倒卵形；花瓣狭倒卵形；唇瓣近宽椭圆形。

芳香功能

鲜花提取精油，制作香水、化妆品、芳香医疗及保健品等。

栽培要点　通常用树皮块、风化火山岩、木炭、苔藓等作盆栽基质栽种在花盆中。花盆底部开孔要多以利根际透气和排水良好。无污染的饮用水或雨水比较好。旺盛生长时期，要有充足的水分供应。经常保持盆栽基质湿润和较高的空气湿度。

园林应用　常作为盆栽观赏。

短棒石斛 *Dendrobium capillipes*

兰科石斛属 别名/丝梗石斛

● 花期 3～5月 ● 果期 8月至翌年2月 ● 产地 中国云南南部

形态特征 株型直立。茎肉质状，近扁的纺锤形，不分枝，具多数钝的纵条棱和少数节间。叶2～4枚近茎端着生，革质，狭长圆形，先端稍钝并且具斜凹缺，基部扩大为抱茎的鞘。总状花序通常从落了叶的老茎中部发出，近直立，疏生2至数朵花；花金黄色，开展；花瓣卵状椭圆形，先端稍钝，具4条脉；唇瓣的颜色比萼片和花瓣深，橘红色，近肾形。

栽培要点 适宜生长在温度15～28℃、空气湿度为60%以上温暖、潮湿、半阴的环境中。参考兜唇石斛（P160）。

园林应用 常作为盆栽观赏，也可作切花。

芳香功能

花有清香，鲜花可提取精油，制作香水、化妆品、芳香医疗及保健品等。

萼脊兰 *Sedirea japonica*
兰科萼脊兰属

萼脊兰属

● 花期 5月　● 果期 7～11月　● 产地 中国浙江、四川、贵州

形态特征　茎长约1厘米，被宿存的叶鞘所包。叶4～6枚，长圆形或倒卵状披针形，先端钝并且稍不等侧2裂，基部具关节和鞘。总状花序下垂，疏生6朵花；花苞片淡褐色，宽卵形；花具橘子香；萼片长圆形；侧萼片比中萼片稍窄，在基部上方内面具1～3个污褐色横向斑点；花瓣长圆状舌形；唇瓣3裂；侧裂片近三角形，边缘紫丁香色；中裂片匙形。

栽培要点　喜阴，忌阳光直射，喜湿润，忌干燥。适合采用富含腐殖质的沙质壤土栽培，排水性要好。喜微酸性土壤。可分株繁殖，也可种子繁殖。

园林应用　国家二级保护植物，常作为盆栽观赏。

芳香功能

花具有奇妙的幽香，鲜花可提取精油，制作香水、化妆品、芳香医疗及保健品等。

钩状石斛 *Dendrobium aduncum*
兰科石斛属

花

● 花期 5 ~ 6 月 ● 果期 8 月至翌年 1 月
● 产地 中国湖南、广西、云南、海南等地

形态特征 茎下垂，圆柱形，有时上部多少弯曲，不分枝，具多个节。叶长圆形或狭椭圆形，先端急尖并且钩转，基部具抱茎的鞘。总状花序通常数个，出自落叶或具叶的老茎上部，花开展，萼片和花瓣淡粉红色；花瓣长圆形，先端急尖；中萼片长圆状披针形，先端锐尖，侧萼片斜卵状三角形，与中萼片等长宽得多。

栽培要点 喜温暖、潮湿、年降水量 1 000 毫米以上的半阴环境，适温为 15 ~ 28℃，适宜空气湿度为 60% 以上。属气生根系，采用的基质最好能通风、透气、滤水。

园林应用 常作为盆栽观赏，也可作切花，花朵剪下 2 ~ 3 天不凋谢，可作胸花。

芳香功能

鲜花可提取精油，制作香水、化妆品、芳香医疗及保健品等。钩状石斛茎入药，滋阴、清热、益胃、生津。

鼓槌石斛 *Dendrobium chrysotoxum*

兰科石斛属　别名／天籽金兰、金弓石斛

● 花期 3 ～ 5 月　● 果期 8 月至翌年 3 月　● 产地 中国云南南部至西部

形态特征　茎纺锤形，具多数圆钝条棱，近顶端具 2 ～ 5 叶。叶革质，长圆形，先端尖，钩转，基部不下延为抱茎鞘。花序近茎端发出，斜出或稍下垂，疏生多花，花序梗基部具 4 ～ 5 鞘；花质厚，金黄色，稍有香气；中萼片长圆形，侧萼片与中萼片近等大，萼囊近球形；花瓣倒卵形，与中萼片等长而甚宽，先端近圆，唇瓣色较深，近肾状圆形，较花瓣大，先端 2 浅裂。

栽培要点　适宜生长在温度 15 ～ 28℃、空气湿度为 60% 以上温暖、潮湿、半阴的环境中。参考兜唇石斛（P160）。

园林应用　国家二级保护植物，常作为盆栽观赏，也可作切花。

芳香功能

　　花香淡雅，鲜花可提取精油，制作香水、化妆品、芳香医疗及保健品等。近年来，其鲜花、干花被开发成保健花茶——天籽兰花。

海南钻喙兰 *Rhynchostylis gigantea*

兰科钻喙兰属　别名/狐尾兰、钻喙兰

● 花期 1～4月　● 果期 3～12月　● 产地 中国海南

形态特征　根肥厚。茎直立，粗壮，具数节，不分枝，具多数二列的叶，被宿存的叶鞘所包。叶肉质，彼此紧靠，宽带状，外弯，有叶鞘。花序腋生，下垂，2～4个；花序轴粗厚，密生许多花，花苞片通常反折，宽卵形，先端钝；花白色带紫红色斑点，质地较厚，开展；萼片近相似，椭圆状长圆形；花瓣长圆形，比萼片小，先端钝，基部收狭；唇瓣肉质，深紫红色，近倒卵形；侧裂片圆形。

栽培要点　适合在热带地区栽培，我国中北部须中温或高温温室栽培。盆栽或垂吊栽培，也可绑缚栽种在树干上。盆栽基质可用蕨根、苔藓、木炭、椰壳或树皮块等排水和透气性较好的材料。要求有充足的水分、高空气湿度和新鲜流通的空气。较喜光，遮阳50%左右。

园林应用　常作为盆栽观赏。

芳香功能

　鲜花可提取精油，制作香水、化妆品、芳香医疗及保健品等。

虎头兰 *Cymbidium hookerianum*
兰科兰属　别名/黄壳鱼子兰、大甩头、树菱瓜

● 花期 1～4月　● 果期 3～12月　● 产地 中国西南部

形态特征　附生草本。假鳞茎狭椭圆形至狭卵形，大部分包藏于叶基之内。叶4～8枚，带形，先端急尖，关节位于距基部4～10厘米处。花葶从假鳞茎下部穿鞘而出；总状花序，具7～14朵花；花苞片卵状三角形；花大，有香气；萼片与花瓣苹果绿或黄绿色，基部有少数深红色斑点或偶有淡红褐色晕，唇瓣白色至奶油黄色，侧裂片与中裂片上有栗色斑点与斑纹，在授粉后整个唇瓣变为紫红色；萼片近长圆形；花瓣狭长圆状倒披针形，与萼片近等长。

栽培要点　通常用树皮块、风化火山岩、木炭、苔藓等作盆栽基质栽种在深简的花盆中。花盆底部开孔要多以利根际透气和排水良好。参考独占春（P161）。

园林应用　常作为盆栽观赏。

芳香功能

　鲜花可提取精油，制作香水、化妆品、芳香医疗及保健品等。根及全草入药，全草具止咳化痰、止血、散瘀消肿功效，根外用于疮疖肿毒。

兰科

华西蝴蝶兰 *Phalaenopsis wilsonii*

兰科蝴蝶兰属　别名/缩筋草、蝶兰、分筋草

● 花期 4～7月　● 果期 6月至翌年1月　● 产地 中国广西、贵州、四川、云南等

形态特征　气生根发达，簇生，表面密生疣状突起。茎很短，有叶鞘，叶片4～5枚。花序从茎的基部发出，常1～2个，斜立，不分枝，花序轴疏生2～5朵花；花苞片膜质，卵状三角形，先端锐尖；萼片和花瓣白色带淡粉红色的中肋或全体淡粉红色；中萼片长圆状椭圆形；侧萼片与中萼片相似而等大，花瓣匙形或椭圆状倒卵形；唇瓣基部具长2～3毫米的爪，3裂；侧裂片上半部紫色，下半部黄色。

栽培要点　喜暖畏寒。生长适温为15～20℃，冬季10℃以上就会停止生长，低于5℃容易死亡。全年保持比较高的空气湿度。较耐阴，强光直射会造成损伤。

园林应用　国家一级保护植物，常作为盆栽观赏。

芳香功能

鲜花可提取精油。

黄蝉兰 *Cymbidium iridioides*
兰科兰属

花 ✿

● 花期 8～12月　● 果期 10月至翌年7月　● 产地 中国贵州、四川、云南及西藏

形态特征 附生植物。假鳞茎椭圆状卵形至狭卵形，大部或全部包藏于叶基内。叶4～8枚，带形，先端急尖，关节位于距基部6～15厘米处。花葶从假鳞茎基部穿鞘而出；总状花序，具3～17朵花；花苞片近三角形；花较大，有香气；萼片与花瓣黄绿色，唇瓣淡黄色并在侧裂片上具类似的脉，中裂片上有红色斑点和斑块，褶片黄色并在前部具栗色斑点；萼片狭倒卵状长圆形，侧萼片稍扭转；花瓣狭卵状长圆形，略镰曲；唇瓣近椭圆形，略短于花瓣；侧裂片边缘具短缘毛，上面有短毛；中裂片强烈外弯，中央有2～3行长毛。

栽培要点 参考独占春（P161）。

园林应用 常作为盆栽观赏。

霍山石斛 *Dendrobium catenatum*

兰科石斛属　别名／米斛、黄花石斛、黄石斛

花

● 花期 5月　● 果期 6月至翌年3月　● 产地 中国河南西南部、安徽西南部

形态特征　茎直立，肉质，不分枝，具3～7节，淡黄绿色，有时带淡紫红色斑点。叶革质，2～3枚互生于茎的上部，斜出，舌状长圆形。总状花序1～3个，从落了叶的老茎上部发出，具1～2朵花；花淡黄绿色，开展；花瓣卵状长圆形，先端钝，具5条脉；唇瓣近菱形，长和宽约相等。

栽培要点　适宜生长在温度15～28℃、空气湿度为60%以上温暖、潮湿、半阴的环境中。参考兜唇石斛（P160）。

园林应用　常作为盆栽观赏。

芳香功能

鲜花提取精油。具有清热生津、滋阴解郁和降血压的功效。花可制备花茶。

尖刀唇石斛 *Dendrobium heterocarpum*

兰科石斛属

● 花期 3 ~ 4月　　● 果期 5月至翌年2月　　● 产地 中国云南南部至西部

形态特征　茎肉质，基部向上渐粗，稍棒状。叶革质，长圆状披针形，基部具抱茎膜质鞘。花序生于落叶老茎上端，具1 ~ 4朵花；苞片白色，膜质；萼片和花瓣银白或奶黄色，中萼片长圆形，侧萼片卵状披针形，与中萼片等大，基部稍歪斜，萼囊倒圆锥形；花瓣卵状长圆形；唇瓣卵状披针形，不明显3裂，与萼片近等长，基部两侧直立，内面黄色带红色条纹。

栽培要点　参考兜唇石斛（P160）。

园林应用　常作为盆栽观赏。

芳香功能

　　花香浓郁，鲜花可提取精油。干花口感清甜，可作花茶。

建 兰 *Cymbidium ensifolium*
兰科兰属　别名/四季兰、秋兰、八月兰

● 花期 6 ～ 10月　● 果期 8月至翌年5月　● 产地 东南亚和南亚各国

形态特征　地生植物。假鳞茎卵球形，包藏于叶基之内。叶2 ～ 6枚，带形，有光泽，前部边缘有时有细齿，关节位于距基部2 ～ 4厘米处。花葶从假鳞茎基部发出，直立，但一般短于叶；总状花序，具3 ～ 13朵花；花常有香气，色泽变化较大，通常为浅黄绿色而具紫斑；萼片近狭长圆形或狭椭圆形；侧萼片常向下斜展；花瓣狭椭圆形或狭卵状椭圆形，近平展；唇瓣近卵形，略3裂；侧裂片直立；中裂片较大，卵形。

栽培要点　参考莎叶兰（P186）。

园林应用　常作为盆栽观赏。

芳香功能

　　鲜花可提取精油。根，叶、花均可入药。

晶帽石斛 *Dendrobium crystallinum*
兰科石斛属

● 花期 5 ～ 7月　　● 果期 7月至翌年2月　　● 产地 中国云南南部

形态特征　茎直立或斜立，稍肉质，圆柱形，不分枝，具多节。叶纸质，长圆状披针形，先端长渐尖，基部具抱茎的鞘，具数条两面隆起的脉。总状花序数个，出自上年生落了叶的老茎上部，具1～2朵花；花序柄短，基部被鞘；花苞片浅白色，膜质，长圆形；花大，开展；萼片和花瓣乳白色，上部紫红色；中萼片狭长圆状披针形；侧萼片相似于中萼片，等大；萼囊小，长圆锥形；花瓣长圆形，先端急尖。

栽培要点　参考兜唇石斛（P160）。

园林应用　常作为盆栽观赏。

芳香功能

花有淡淡的清香，鲜花可提取精油，制作香水、化妆品、芳香医疗及保健品等。石斛是名贵中药材，晶帽石斛是主流品种之一。

兰科

— 173 —

喇叭唇石斛 *Dendrobium lituiflorum*

兰科石斛属

花

● 花期 3月　● 果期　● 产地 中国广西西南部和西部、云南西南部

形态特征 茎下垂，圆柱形。叶纸质，窄长圆形，先端侧稍钩转，基部具抱茎鞘。花序多个，生于已落叶老茎上，每花序具1～2朵花，花序梗与茎成近直角，基部被3枚纸质长鞘。苞片卵形；中萼片长圆状披针形，侧萼片与中萼片等大，基部稍歪斜，萼囊近球形；花瓣近椭圆形，先端锐尖，唇瓣周边紫色，内侧被1条白色环带围绕的深紫色斑块，近倒卵形。

栽培要点 参考兜唇石斛（P160）。

园林应用 常作为盆栽观赏。可附生于造型独特的岩石、假山、木桩上，营造形式多样的附生兰景观。

芳香功能

　花具淡重，鲜花可提取精油。

莲瓣兰 *Cymbidium tortisepalum*

兰科兰属　别名/莲瓣、菅草兰、卑亚兰

兰
科

● 花期 12月至翌年3月　● 果期 2～11月　● 产地 中国台湾与云南西部

形态特征 地生植物，粗根。假鳞茎小，椭圆形或卵形，包藏于宿存的叶基内。叶5～10枚，带形，外弯，先端急尖，边缘有细锯齿。花莛发自近假鳞茎基部，直立；花序柄具数枚鞘；花序具1～7朵花；花苞片线状披针形，与带梗子房近等长，至少在花序上部的片如此；花梗与子房长2.4～3.2厘米；花通常浅绿黄色或稍带白色，有时唇瓣上有浅紫红色斑，通常有香气；萼片矩圆形或矩圆状披针形，有时稍扭转；花瓣卵状披针形或矩圆形。

栽培要点 参考莎叶兰（P186）。

园林应用 常作为盆栽观赏。

芳香功能

　　鲜花可提取精油，制作香水、化妆品、芳香医疗及保健品等。

— 175 —

流苏石斛 *Dendrobium fimbriatum*

兰科石斛属　别名/马鞭石斛

● 花期 4～6月　● 果期 7月至翌年3月　● 产地 中国广西、贵州、云南等地

形态特征　茎坚挺，圆柱形。叶革质，长圆形或长圆状披针形，先端有时微2裂，基部具抱茎鞘。花序疏生6～12朵花，基部套叠筒状鞘；花金黄色，质薄，开展，稍有香气；中萼片长圆形，侧萼片卵状披针形，与中萼片等长稍窄，萼囊近球形；花瓣椭圆形，边缘具微啮蚀状，唇瓣色较深，近圆形，基部两侧具紫红色条纹爪长，边缘具复式短流苏。

栽培要点　参考兜唇石斛（P160）。

园林应用　常作为盆栽观赏。

龙石斛 *Dendrobium draconis*
兰科石斛属

花 ⚙

● 花期 4~6月　　● 果期 6月至翌年2月　　● 产地 缅甸、印度、柬埔寨、泰国、越南

形态特征　茎粗壮，通常棒状或纺锤形，长15~40厘米，粗达2厘米，下部常收狭为细圆柱形，不分枝，偶有棱不明显，黑淡褐色。叶长3~4厘米，先端急尖，基部不下延为抱茎的鞘。花有香。

栽培要点　喜温暖、湿润、年降水量1 000毫米以上的半阴环境。生长适温为15~28℃，适宜空气湿度为60%以上。对土壤要求不严，野生多在松散且厚实的林下土壤中生长。

园林应用　常作为盆栽观赏。

芳香功能

药用石斛中价值比较高的一种，鲜花可提取精油。

落叶兰 *Cymbidium defoliatum*

兰科兰属　别名/建蕙

● 花期 5 ~ 10月　● 果期 8月至翌年5月　● 产地 中国四川、贵州和云南

形态特征　地生植物。假鳞茎很小，常数个聚生成不规则的根状茎状，基部有数条粗厚的根，根粗。叶2 ~ 4枚，带状，在生长期只有最前面的1个假鳞茎具叶，但在温室条件下叶不会全部凋落。花莛从假鳞茎基部发出，直立。总状花序，具4 ~ 6朵花；花苞片近线状披针形。花小，色泽变化较大。中萼片近狭长圆形，近直立，侧萼片平展；花瓣近狭卵形，近直立于蕊柱两侧。

栽培要点　通常用腐叶土、泥炭土、树皮块、小颗料的风化火山岩或苔藓作盆栽基质。参考莎叶兰（P186）。

园林应用　常作为盆栽观赏。

芳香功能

　　鲜花可提取精油。

麻栗坡兜兰 *Paphiopedilum malipoense*

兰科兜兰属　别名/拖鞋兰、仙履兰

● 花期 12月至翌年3月　● 果期 2～9月　● 产地 中国广西、贵州和云南

形态特征　地生或半附生植物。具短的根状茎，较粗。叶基生，二列，7～8枚；叶片长圆形或狭椭圆形，革质，先端急尖且稍具不对称的弯缺。花莛直立，紫色；花苞片狭卵状披针形，绿色并具紫色斑点；花黄绿色或淡绿色，花瓣上有紫褐色条纹或由斑点组成的条纹，唇瓣上偶有不甚明显的紫褐色斑点；花瓣倒卵形、卵形或椭圆形；唇瓣深囊状，近球形。

芳香功能

花具淡淡的果香，鲜花可提取精油。

栽培要点　栽培比较容易，中温温室栽培，生长适温15～25℃，喜半阴。在华北地区温室栽培，春、夏、秋季应遮阳70%左右；冬季遮阳30%。在栽培过程中需经常保持盆栽基质湿润，在旺盛生长时期，当看到盆栽基质表面发白、微干时即可浇水。

园林应用　常作为盆栽观赏。

玫瑰石斛 *Dendrobium crepidatum*
兰科石斛属

（花）

● 花期 3～4月　● 果期 6月至翌年2月　● 产地 中国云南、贵州

形态特征　茎斜下或下垂，青绿色，圆柱形，节间鞘具绿或白色相间的条纹。叶窄披针形；花序短，生于已落叶的老茎上部，具1～4朵花。萼片和花瓣白色，上部带淡紫色，干后蜡质状；中萼片近椭圆形，侧萼片卵状长圆形，与中萼片近等大，基部歪斜，背面中部稍龙骨状隆起，萼囊近球形，花瓣宽倒卵形，与萼片等长稍宽，唇瓣上部淡紫色，下部金黄色，近圆形或宽倒卵形。

栽培要点　参考兜唇石斛（P160）。

园林应用　常作为盆栽观赏。

芳香功能

　　花具浓香，鲜花可提取精油。玫瑰石斛含多种药用成分，具有增强免疫、抗肿瘤、降血糖等功效。

美花石斛 *Dendrobium loddigesii*

兰科石斛属　别名/粉花石斛

(花)

● 花期 4～5月　● 果期 6月至翌年2月　● 产地 中国、老挝、越南

形态特征 茎柔弱，斜立或下垂，细圆柱形，有时分枝，具多节。叶纸质，2列互生于茎上，舌形或长圆状披针形，先端稍钩转，基部具鞘。1～2朵花成一束，侧生有叶老茎上端；苞片卵形；中萼片卵状长圆形，先端锐尖，侧萼片与中萼片相似，基部歪斜，萼囊近球形；花瓣椭圆形，与萼片等长稍宽；唇瓣近圆形，上面中央金黄色，周边淡紫红色，两面密被柔毛。

栽培要点 参考兜唇石斛（P160）。

园林应用 常作为盆栽观赏。

芳香功能

　　花有清香，鲜花可提取精油。美花石斛浸膏提取物及其中单体化合物可用于化妆品制备，具美白、抗衰老的功效。

密花石斛 *Dendrobium densiflorum*
兰科石斛属

花

● 花期 4～5月　● 果期 6月至翌年2月　● 产地 中国广东、海南、广西、西藏

形态特征　茎粗壮，常棒状，下部细圆柱形，常有4纵棱。叶3～4枚近茎端互生，长圆状披针形，基部不下延为抱茎鞘。花序生于有叶老茎上端，下垂，密生多花，花序梗基部具2～4鞘；苞片纸质，近倒卵形，干后常席卷或扭曲；萼片和花瓣淡黄色；中萼片卵形，侧萼片卵状披针形，与中萼片近等大，基部歪斜，萼囊近球形；花瓣近圆形，较中萼片稍宽短，具短爪，中部以上具啮齿，唇瓣金黄色。

芳香功能

　药用石斛的主要代用品之一，花有清香，鲜花可提取精油。

栽培要点　参考兜唇石斛（P160）。

园林应用　常作为盆栽观赏。

墨 兰 *Cymbidium sinense*

兰科兰属　别名/报岁兰

花 🌸🌸🌸

● 花期 10月至翌年3月　● 果期 12月至翌年9月　● 产地 中国华东、西南等地

形态特征　地生植物。假鳞茎卵球形，包藏于叶基之内。叶3～5枚，带形，近薄革质，暗绿色，有光泽，有关节。花莛从假鳞茎基部发出，直立，较粗壮，一般略长于叶；总状花序，具10～20朵或更多的花；花较常为暗紫色或紫褐色而具浅色唇瓣，也有黄绿色、桃红色或白色的；萼片狭长圆形或狭椭圆形；花瓣近狭卵形；唇瓣近卵状长圆形，不明显3裂；侧裂片直立，多少围抱蕊柱，具乳突状短柔毛；中裂片较大，外弯。

栽培要点　参考莎叶兰（P186）。

园林应用　常作为盆栽观赏。

芳香功能

墨兰花可提取芳香油，馥郁袭人，有"国香"之美誉。取盛开的墨兰花立即用溶剂浸提法加工成浸膏，再进一步加工成精油，用于制作高级化妆品，为高级香料。

琴唇万代兰 *Vanda concolor*
兰科万代兰属

● 花期 4～5月　● 果期 6～12月　● 产地 中国广东、广西、贵州、云南等地

形态特征　茎长，具多数二列的叶。叶革质，带状，中部以下常V形对折，先端具2～3个不等长的尖齿状缺刻，基部具宿存而抱茎的鞘。花序1～3个，不分枝，通常疏生4朵以上的花；花序柄被2～3枚膜质鞘；花苞片卵形，先端钝；花中等大，具香气，萼片和花瓣在背面白色，内面（正面）黄褐色带黄色花纹，但不成网格状；萼片相似，长圆状倒卵形，先端钝；花瓣近匙形，先端圆形，基部收狭为爪，边缘稍皱波状；唇瓣3裂。

栽培要点　参考大花万代兰（P156）。

园林应用　常作为盆栽观赏或假山种植。

芳香功能

　花具香气，鲜花可提取精油。全草可入药，具祛风除湿、活血、止痛功效。

球花石斛 *Dendrobium thyrsiflorum*
兰科石斛属

花

● 花期 4 ~ 5 月　　● 果期 6 月至翌年 2 月　　● 产地 中国云南南部至西南部

形态特征 茎粗壮，常棒状，稀纺锤形，下部细圆柱形。叶 3 ~ 4 枚近茎端互生，长圆状披针形，基部不下延为抱茎鞘。花序生于有叶老茎上端，下垂，密生多花，花序梗基部具 2 ~ 4 鞘；苞片纸质，近倒卵形；萼片和花瓣呈白色；中萼片卵形，侧萼片卵状披针形，与中萼片近等大，基部歪斜，萼囊近球形；花瓣近圆形，较中萼片稍宽短，具短爪，中部以上具啮齿，唇瓣金黄色。

栽培要点 参考兜唇石斛（P160）。

园林应用 常作为盆栽观赏。

芳香功能

花具清香，鲜花可提取精油。常作为商品石斛代用品，所含香豆素成分为中药脉络宁注射液功效成分之一。

莎叶兰 *Cymbidium cyperifolium*

兰科兰属 别名/套叶兰、秋芝

- 花期 10月至翌年2月　● 果期 12月至翌年9月
- 产地 中国广东、海南、广西、贵州、云南等地

形态特征 地生或半附生植物。假鳞茎较小，包藏于叶鞘内。叶带形，常整齐二列而呈扇形，先端急尖，基部二列套叠的鞘有膜质边缘，有关节。花莛从假鳞茎基部发出，直立；总状花序，具3～7朵花；花苞片近披针形；萼片与花瓣黄绿色或苹果绿色；萼片线形至宽线形；花瓣狭卵形。

芳香功能

　　鲜花可提取精油、制作香水、化妆品、芳香医疗及保健品等。

栽培要点 通常用腐叶土、泥炭土、树皮块、小颗粒的风化火山岩或苔藓作盆栽基质。要求盆内排水和透气良好。栽培环境要通风良好；华北地区温室栽培，春夏季遮光50%～70%，冬季不遮光。越冬最低温度5℃左右；室温最好不超过30℃。冬季休眠期应适当干燥和低温。生长时期要有充足的水分供应，休眠期保持基质微干。

园林应用 常作为盆栽观赏。

石 斛 *Dendrobium nobile*

兰科石斛属　别名／金钗石斛

花

● 花期 4～5月　● 果期 6月至翌年2月
● 产地 中国台湾、湖北、香港、海南等地

形态特征　茎直立，稍扁圆柱形，上部常多少回折状弯曲，下部细圆柱形，具多节。叶革质，长圆形，先端不等2裂，基部具抱茎鞘；花序生于老茎中部以上茎节，具1～4朵花；苞片卵状披针形；白色，上部带淡紫红色；中萼片长圆形，侧萼片与中萼片相似，基部歪斜，萼囊倒圆锥形；花瓣稍斜，宽卵形，具短爪，全缘；唇瓣宽倒卵形，基部两侧有紫红色条纹，唇盘具紫红色大斑块；药帽前端边缘具尖齿。

栽培要点　适宜生长在温度15～28℃、空气湿度为60%以上温暖、潮湿、半阴的环境中。参考兜唇石斛（P160）。

园林应用　常作为盆栽观赏。

芳香功能

　　鲜花可提取精油，主要成分为泪杉醇，是赋香成分之一。可用于制作香水、化妆品、芳香医疗及保健品等。

梳唇石斛 *Dendrobium strongylanthum*

兰科石斛属　别名/圆花石斛

花

● 花期 9～10月　● 果期 11月至翌年6月　● 产地 中国海南、云南南部至西部

形态特征　茎肉质，直立，圆柱形或长纺锤形，具多个节。叶质薄，互生，长圆形，先端不等2裂，基部具偏鼓的鞘。苞片卵状披针形，较花梗和子房短；萼片基部紫红色，中萼片窄卵状披针形，侧萼片镰状披针形，较中萼片长，基部较宽而歪斜，中部以上骤窄为尾状，萼囊倒圆锥形；花瓣淡黄绿带紫红色脉纹，卵状披针形，较中萼片小，唇瓣紫堇色，上部3裂，侧裂片卵状三角形，先端尖齿状，边缘具梳状齿，中裂片三角形。

栽培要点　参考兜唇石斛（P160）。

园林应用　常作为盆栽观赏。

芳香功能

鲜花可提取精油，制作香水、化妆品、芳香医疗及保健品等。

疏花石斛

Dendrobium henryi
兰科石斛属

⟨花⟩

● 花期 6 ~ 9月　　● 果期 6月至翌年2月　　● 产地 中国湖南、贵州、云南等地

形态特征　茎斜立或下垂，圆柱形。叶纸质，多数，互生于茎上，长圆形或长圆状披针形，上部两侧不对称，基部具抱茎鞘。花序生于有叶老茎中部，具1 ~ 2花，花序梗与茎约成直角伸展；花梗和子房纤细；花质薄，金黄色，有香气；中萼片卵状长圆形，先端钝，侧萼片前伸，卵状披针形，与中萼片等大，萼囊宽倒圆锥形，花瓣稍斜卵形，较萼片稍短宽，先端尖，具短爪，唇瓣近圆形。

栽培要点　参考兜唇石斛（P160）。

园林应用　常作为盆栽观赏。

芳香功能

　　鲜花可提取精油，制作香水、化妆品、芳香医疗及保健品等。

束花石斛 *Dendrobium chrysanthum*

兰科石斛属　别名/金兰

● 花期 6～7月　　● 果期 11月至翌年6月　　● 产地 中国广西、云南等地

形态特征　茎肉质，圆柱形，下垂，具多节。叶2列，互生，纸质，长圆状披针形，基部具抱茎纸质鞘。花梗和子房稍扁；花橙黄色，质厚；中萼片多少凹入，长圆形或椭圆形，侧萼片稍凹入，卵状三角形，基部稍歪斜较宽，与中萼片近等长稍宽；花瓣稍凹入，倒卵形，较萼片大，全缘或具细啮蚀状齿，唇瓣凹入，肾形或横长圆形，不裂，先端近圆，短爪具胼胝体。

栽培要点　参考兜唇石斛（P160）。

园林应用　常作为盆栽观赏。

芳香功能

　鲜花可提取精油，制作香水、化妆品、芳香医疗及保健品等。

送 春

Cymbidium cyperifolium var. szechuanicum

兰科兰属　别名/绿兰

● 花期 2 ~ 3月　● 果期 4月至翌年1月　● 产地 中国四川、云南

形态特征　叶片较多，一般为8 ~ 13枚，丛生，近二列，叶基部呈"一"字形排列，质较软，下弯，叶脉不透明。花莛稍弯曲，高30 ~ 50厘米，有花5 ~ 9朵；花径约为6厘米，花色黄绿，有清香；花苞片常长于花梗和子房，花序中上部的亦如此；萼片常多少扭曲。

栽培要点　通常用腐叶土、泥炭土、树皮块、小颗粒的风化火山岩或苔藓作盆栽基质。要求盆内排水和透气良好。栽培环境要通风良好，华北地区温室栽培，春夏季遮光50% ~ 70%，冬季不遮光。参考莎叶兰（P186）。

园林应用　常作为盆栽观赏。

芳香功能

鲜花可提取精油，制作香水、化妆品、芳香医疗及保健品等。

檀香石斛 *Dendrobium anosmum*

兰科石斛属　别名／卓花石斛、十八棒

● 花期 4～5月　● 果期 6月至翌年2月　● 产地 斯里兰卡、菲律宾、泰国等地

形态特征　假球茎圆筒，丛生。茎下垂，茎末端渐尖，肉质，粗圆柱形，不分枝，具多数节，节间棒状，基部常有纸质叶鞘。叶互生于茎的上部，披针形或卵披针形，扁平，先端渐尖，革质，基部具抱茎的膜质叶鞘。总状花序，常生于落叶后的老茎上部节上，具数至多朵花，花略扁且花瓣易下垂；花序柄基部被膜质鞘；花苞片膜质，萼片和花瓣紫红色，唇瓣宽倒卵形或近圆形，唇瓣内两旁有紫红色斑，俗称眼斑。花朵香气浓郁。

栽培要点　参考兜唇石斛（P160）。

园林应用　常作为盆栽观赏。

芳香功能

鲜花可提取精油，制作香水、化妆品、芳香医疗及保健品等。

铁皮石斛 *Dendrobium officinale*

兰科石斛属　别名／云南铁皮、黑节草

花

● 花期 3～6月　● 果期 6月至翌年2月
● 产地 中国安徽、浙江、福建、云南等地

形态特征　茎直立，圆柱形，不分枝，具多节，常在中部以上互生3～5枚叶。叶二列，纸质，长圆状披针形，基部下延为抱茎的鞘，边缘和中肋常带淡紫色；叶鞘常具紫斑。总状花序常从落叶的老茎上部发出，具2～3朵花；花序柄基部具2～3枚短鞘；花苞片干膜质，浅白色，卵形，萼片和花瓣黄绿色，近相似，长圆状披针形，侧萼片基部较宽阔；萼囊圆锥形，末端圆形；唇瓣白色，基部具1个绿色或黄色的胼胝体，卵状披针形。

栽培要点　参考兜唇石斛（P160）。

园林应用　常作为盆栽观赏。

芳香功能

　鲜花可提取精油，制作香水、化妆品、芳香医疗及保健品等。

文山红柱兰 *Cymbidium wenshanense*
兰科兰属

● 花期 3月　● 果期 5月至翌年2月　● 产地 中国云南东南部

形态特征　附生植物。假鳞茎卵形，包藏于叶鞘之内。叶6～9枚，带形，有关节。花葶明显短于叶，多少外弯；总状花序，具3～7朵花；花苞片三角形；花较大，不完全开放；萼片与花瓣白色，背面常略带淡紫红色，唇瓣白色而有深紫色或紫褐色条纹与斑点，在后期整个色泽常变为淡红褐色，纵褶片一般黄色，蕊柱顶端红色，其余均白色；萼片近狭倒卵形或宽倒披针形；唇瓣近宽倒卵形；侧裂片直立；中裂片近扁圆形。

栽培要点　参考独占春（P161）。

园林应用　常作为盆栽观赏。

芳香功能

　鲜花可提取精油，制作香水、化妆品、芳香医疗及保健品等。

细茎石斛 *Dendrobium moniliforme*

兰科石斛属　别名/台湾石斛

● 花期 3～5月　● 果期 6月至翌年2月　● 产地 中国陕西、甘肃、安徽、云南等地

形态特征 茎直立，细圆柱形，上下等粗。叶革质，常互生茎中部以上，披针形或长圆形，先端稍不等2裂，基部具抱茎鞘。花序2至数个，生于茎中部以上有叶或已落叶的老茎上，具1～3花；苞片干膜质，白色带褐色斑块，卵形；花有香气；萼片和花瓣相似，卵状长圆形或卵状披针形，侧萼片基部较宽而歪斜，萼囊倒圆锥形；花瓣较萼片稍宽，唇瓣白色、淡黄绿或绿白色，具带淡褐、紫红或淡黄色斑块，卵状披针形。

栽培要点 参考兜唇石斛（P160）。

园林应用 常作为盆栽观赏。

芳香功能

鲜花可提取精油，制作香水、化妆品、芳香医疗及保健品等。

— 195 —

细叶石斛 *Dendrobium hancockii*

兰科石斛属 别名/竹叶石斛

（花）

● 花期 5～6月 ● 果期 6月至翌年3月
● 产地 中国陕西、甘肃、河南、云南等地

形态特征 茎直立，质硬，圆柱形，具纵棱。叶常3～6，窄长圆形，先端稍不等2圆裂，基部下延为抱茎纸质鞘。花序具1～2朵花；花质厚，稍有香气，金黄色，唇瓣裂片内侧具少数红色条纹；中萼片卵状椭圆形，先端尖，侧萼片卵状披针形，较中萼片稍窄，萼囊圆锥形；花瓣近椭圆形或斜倒卵形，较中萼片宽，唇瓣较花瓣稍短，较宽，基部具胼胝体。

栽培要点 参考兜唇石斛（P160）。

园林应用 常作为盆栽观赏。

芳香功能

鲜花可提取精油，制作香水、化妆品、芳香医疗及保健品等。

香花指甲兰 *Aerides odorata*

兰科指甲兰属　别名/狐尾兰

● 花期 6～7月　　● 果期 8月至翌年5月　　● 产地 中国云南西部

形态特征　茎粗壮。叶厚革质，宽带状，先端钝并且不等侧2裂，基部具关节和鞘。总状花序下垂，近等长或长于叶，密生许多花；花序柄粗壮，疏生少数鳞片状的鞘；花大，开展，芳香，白色带粉红色；花苞片宽卵形，比具柄的子房短得多；中萼片椭圆形；侧萼片基部贴生在蕊柱足上，宽卵形；花瓣近椭圆形，比中萼片稍小，先端钝，基部收狭；唇瓣着生于蕊柱足末端，3裂；侧裂片倒卵状楔形；中裂片狭长圆形，先端2裂。

栽培要点　参考萼脊兰（P163）。

园林应用　常作为盆栽观赏。

芳香功能

鲜花可提取精油，制作香水、化妆品、芳香医疗及保健品等。

象牙白 *Cymbidium maguanense*

兰科兰属　别名/马关兰

● 花期 10 ～ 12 月　● 果期 12 月至翌年 9 月　● 产地 中国云南东南部

形态特征　附生植物。假茎圆筒状卵形或有时近圆筒形，包于宿存的叶基内。叶 8 ～ 19 枚，二列，带形，基部对折而有狭膜质边缘，有关节。花莛从叶腋发出，近直立；总状花序；花苞片卵状三角形；花梗和子房浅绿色，有紫色晕；萼片与花瓣背面有时稍有浅紫色晕；唇瓣中裂片具 1 个近矩圆形的黄色中央斑块；中萼片狭矩圆状椭圆形；侧萼片与中萼片相似，稍斜歪；花瓣狭矩圆状披针形；唇瓣近倒卵形或倒卵状椭圆形。

栽培要点　参考独占春（P161）。

园林应用　常作为盆栽观赏。

芳香功能

鲜花可提取精油，制作香水、化妆品、芳香医疗及保健品等。

小黄花石斛

Dendrobium jenkinsii

兰科石斛属　别名／小龟背石斛

● 花期 4～5月　● 果期 6月至翌年2月　● 产地 中国云南南部至东南部

形态特征 植株矮小，茎假鳞茎状，稍扁纺锤形，常有4棱，节间被白色膜质鞘。叶革质，顶生，长圆形，先端稍凹缺，基部不下延为鞘，边缘常波状。花序生于茎上端，较茎短或近等长，具1～3朵花；花橘黄色，纸质；中萼片卵状披针形，侧萼片与中萼片近等大，基部歪斜，萼囊近球形；花瓣椭圆形，唇瓣横长圆形或近肾形，中部以下两侧包蕊柱，先端常凹缺，上面密被柔毛。

栽培要点 参考兜唇石斛（P160）。

园林应用 常作为盆栽观赏。

芳香功能

　　鲜花可提取精油，制作香水、化妆品、芳香医疗及保健品等。

小蓝万代兰 *Vanda coerulescens*
兰科万代兰属

● 花期 3～4月　● 果期 5～11月　● 产地 中国云南南部和西南部

形态特征　茎基部具许多长而分枝的气根。叶稍肉质，二列，斜立，带状，常V字形对折，先端斜截形并且具不整齐的缺刻，基部具宿存而抱茎的鞘。花序近直立，不分枝；花苞片小，卵状三角形；花中等大，伸展，萼片和花瓣淡蓝色或白色带淡蓝色晕；萼片近相似，倒卵形或匙形，先端钝，基部楔形；花瓣倒卵形，先端钝，基部楔形；唇瓣深蓝色，3裂；侧裂片直立，近长圆形；中裂片楔状倒卵形，先端扩大呈圆形，其中央稍凹缺，基部具一对胼胝体。

栽培要点　参考大花万代兰（P156）。

园林应用　常作为盆栽观赏。

芳香功能

　　鲜花可提取精油，制作香水、化妆品、芳香医疗及保健品等。

长距石斛 *Dendrobium longicornu*

兰科石斛属　别名/长角石斛

花 ⚘

● 花期 9 ~ 11月　● 果期 12月至翌年8月　● 产地 中国广西、云南、西藏

形态特征 茎直立，圆柱形。叶窄披针形，先端不等2裂，基部下延为抱茎鞘，两面和叶鞘均密被黑褐色粗毛。花序生于有叶茎上端，具1 ~ 3朵花；苞片卵状披针形，背面被黑褐色毛；花开展，除唇盘中央橘黄色外，余白色；中萼片卵形，背面中肋稍隆起呈龙骨状，侧萼片卵状三角形，近蕊柱一侧与中萼片等长，基部较宽而歪斜，背面中肋呈龙骨状；萼囊窄长成漏斗状距，与花梗和子房近等长；花瓣长圆形，具不整齐齿，唇瓣近倒卵形或菱形。

栽培要点 参考兜唇石斛（P160）。

园林应用 常作为盆栽观赏。

芳香功能

　鲜花可提取精油，制作香水、化妆品、芳香医疗及保健品等。

长苏石斛 *Dendrobium brymerianum*

兰科石斛属　别名／小鼓槌石斛、黄花石斛

● 花期 6～7月　● 果期 9～10月　● 产地 中国云南东南部至西南部

形态特征 茎直立或斜举，不分枝，具数个节。叶薄革质，常3～5枚互生于茎的上部，狭长圆形。总状花序侧生于无叶的茎上端，近直立，具1～2朵花；花质地稍厚，金黄色，开展；花瓣长圆形，先端钝，具7条脉，全缘；唇瓣卵状三角形，基部具短爪，上面密布短茸毛，中部以下边缘具短流苏。

栽培要点 适宜生长在温度15～28℃、空气湿度为60%以上温暖、潮湿、半阴的环境中。生长季节浇水要干湿相间，薄肥勤施。参考兜唇石斛（P160）。

园林应用 常作为盆栽观赏。

芳香功能

　　鲜花可提取精油，制作香水、化妆品、芳香医疗及保健品等。

长叶兰 *Cymbidium erythraeum*
兰科兰属　别名/小虎头兰

● 花期 10月至翌年1月　　● 果期 12月至翌年9月　　● 产地 中国四川、云南等地

形态特征　附生植物。假鳞茎卵球形，包藏于叶基之内。叶5～11枚，二列，带形，从中部向顶端渐狭，基部紫色。花葶较纤细，近直立或外弯；总状花序，具3～7朵花；花苞片近三角形；萼片与花瓣绿色，但由于有红褐色脉和不规则斑点而呈红褐色，唇瓣淡黄色至白色，侧裂片上有红褐色脉，中裂片上有少量红褐色斑点和1条中央纵线；萼片狭长圆状倒披针形；花瓣镰刀状，斜展；唇瓣近椭圆状卵形，3裂。

栽培要点　参考独占春（P161）。

园林应用　常作为盆栽观赏。

芳香功能

　鲜花提取精油，制作香水、化妆品、芳香医疗及保健品等。

珍珠矮 *Cymbidium nanulum*
兰科兰属

花

● 花期 10～12月　● 果期 12月至翌年9月　● 产地 中国云南东南部

形态特征 地生植物。矮小，常单株生长，无假鳞茎，地下有1条近肉质的根状茎；根状茎扁圆柱形，有数节，与周围数条肥厚根的色泽相同，不易分辨。叶2～3枚，带形，直立，先端近急尖，边缘具细齿；叶鞘常带紫色。花莛从植株基部发出，直立；总状花序，疏生3～4朵花；花苞片线形或线状披针形；萼片与花瓣有5条深色脉纹；萼片长圆形，先端圆钝并具细尖；中萼片向前倾，侧萼片多少围抱蕊柱；花瓣亦为长圆形，先端亦圆钝。

栽培要点 参考莎叶兰（P186）。

园林应用 常作为盆栽观赏。

芳香功能

鲜花可提取精油，制作香水、化妆品、芳香医疗及保健品等。

肿节石斛 *Dendrobium pendulum*

兰科石斛属

花

兰科

● 花期 3～4月　● 果期 5月至翌年2月　● 产地 中国云南南部

形态特征 茎斜立或下垂，肉质，圆柱形，节肿大呈算盘珠子状。叶纸质，长圆形，先端尖，基部具抱茎薄革质鞘。花序生于已落叶老茎上部，具1～3花，花序梗粗；苞片宽卵形；花白色，上部紫红色，有香气；中萼片长圆形，先端尖，侧萼片与中萼片等大，基部稍歪斜，萼囊紫红色，近倒圆锥形；花瓣宽长圆形，具细齿，唇瓣白色，中部以下金黄色，上部紫红色，近圆形，两面密被茸毛。

栽培要点 参考兜唇石斛（P160）。

园林应用 常作为盆栽观赏。

芳香功能

　　鲜花可提取精油，制作香水、化妆品、芳香医疗及保健品等。

205

— 205 —

紫瓣石斛 *Dendrobium parishii*
兰科石斛属　别名/麝香石斛

● 花期 5～6月　● 果期 6月至翌年2月　● 产地 中国云南东南部、贵州

形态特征　茎斜立或下垂，粗壮，圆柱形，上部多少弯曲，不分枝，具数节。叶革质，狭长圆形，先端钝并且不等侧2裂，基部被白色膜质鞘。总状花序出自落了叶的老茎上部，具1～3朵花；花序柄基部被3～4枚套叠的短鞘；花苞片卵状披针形，先端锐尖；花大，开展，质地薄，紫色；中萼片倒卵状披针形，先端钝；侧萼片卵状披针形，与中萼片等长而稍较狭；萼囊狭圆锥形；花瓣宽椭圆形，比萼片稍短而宽得多，先端锐尖，基部收狭为短爪，边缘具睫毛或细齿；唇瓣菱状圆形。

栽培要点　参考兜唇石斛（P160）。

园林应用　常作为盆栽观赏。

芳香功能

　　鲜花可提取精油，制作香水、化妆品、芳香医疗及保健品等。

柳叶马鞭草 *Verbena bonariensis*

马鞭草科柠檬马鞭草属　别名／巴西马鞭草

● 花期 5 ~ 9月　● 果期 8 ~ 10月　● 产地 南美洲（巴西、阿根廷等地）

形态特征　多年生草本。株高100 ~ 150厘米。植株通常直立生长，生长势强，分枝性佳。茎粗糙、方形，全株有纤毛。叶对生，叶基部抱茎著生，叶为柳叶形，长矛状，锐锯齿缘。聚伞花序，小筒状花着生于花茎顶部，紫红色或淡紫色，中央小花次第向外开放。

栽培要点　喜光，喜温暖气候，耐寒性佳。排水良好、富含有机质的壤土或沙质壤土较好，需注意给水次数，忌高温、多湿、渍水，高温多湿期间容易发生白粉病。平地全年可繁殖，以扦插或种子繁殖。

园林应用　庭院观赏植物，常与香草植物搭配栽培，增加趣味性。

芳香功能

全草可入药，观赏性好，常与香草植物搭配栽培，增加趣味性。

香叶天竺葵

Pelargonium graveolens

牻牛儿苗科天竺葵属　　别名／香叶草

● 花期 5～7月　● 果期 8～9月　● 产地 南非

形态特征　多年生草本或灌木状。高可达1米。茎直立，基部木质化，上部肉质，密被具光泽的柔毛，有香气。叶互生；托叶宽三角形或宽卵形，先端急尖；叶柄与叶片近等长，被柔毛；叶片近圆形，基部心形，掌状5～7裂达中部或近基部。伞形花序与叶对生，长于叶，具5～12朵花；苞片卵形，被短柔毛；萼片长卵形，绿色，先端急尖。

栽培要点　喜温暖，忌高温多湿，不耐寒，喜阳光充足的场所。最好栽种于排水良好、略带湿气、肥沃的沙质壤土为佳。春、秋季可取粗壮枝条进行扦插繁殖，亦可以播种繁殖。

园林应用　常作为地被植物应用于花境、花坛，也可盆栽观赏。

芳香功能

叶片提炼出来的精油可增添香水、洗发水、香皂、化妆品等的香气。此外，浸泡液亦可拿来泡香草浴。花、草干燥后，亦可做成香包。

刺芫荽 *Eryngium foetidum*

伞形花科刺芹属　别名／日本香菜

● 花期 4 ～ 12 月　● 果期 4 ～ 12 月
● 产地 南美东部、中美、安的列斯群岛以至亚洲、非洲的热带地区

形态特征　二年生或多年生草本。植株为簇生状，抽薹后株高 15 ～ 40 厘米，主根纺锤形。茎绿色直立，粗壮，无毛，有数条槽纹，上部有 3 ～ 5 歧聚伞式的分枝。叶片长披针形或倒披针形不分裂，革质，顶端钝，基部渐窄有膜质叶鞘。头状花序生于茎的分叉处及上部枝条的短枝上，呈圆柱形，小花卵形向上，深绿色，苞片具少数齿状细刺。果卵圆形或球形。

栽培要点　全日照或半阴均可，不耐寒，忌霜害。喜疏松的壤土，pH4.5 ～ 6.8 生长良好，喜湿。播种繁殖，中、北部春季，南部春、秋季。

园林应用　阳台种菜的优良植物。

芳香功能

　嫩叶的食用方法和芫荽相同，在马来西亚、越南等东南亚国家为常见佐菜，叶片干燥后可为糕点、饼干添加物。

茴 香 *Foeniculum vulgare*

伞形科茴香属　　别名／小茴香、怀香、西小茴

● 花期 5 ～ 6 月　● 果期 7 ～ 9 月　● 产地 地中海地区

形态特征　多年生草本。植株高达0.5 ～ 2 米，有强烈香气。茎无毛，灰绿至苍白色；叶宽三角形，二至三回羽状全裂，小裂片线形，顶生伞形花序，花瓣5，倒卵形，中脉1条。双悬果长圆形，果棱尖锐。

栽培要点　适应性强，对土壤要求不严格，但要求土质疏松，氮、磷、钾均衡，才能生长良好。注意保持土壤湿润，防止干旱。光照充足有利于生长，在长日照条件下容易抽薹开花。适于密植，多采用起畦播种。出苗以后要适当地间苗。

园林应用　可庭植、盆栽，也可用于芳香植物专类园等。同时也是非常优秀的散状花材。

芳香功能

香辛蔬菜，也可作调味料。果实可提取精油，主要用于食品腌渍、糕点、泡菜等可去除异味，能够给食物增加尾香，还可用于制作牙膏、香水、化妆品、酒类、糖果。

欧 芹 *Petroselinum crispum*

伞形花科欧芹属　别名/荷兰芹、香芹菜、洋芫荽

菜

● 花期 6月　● 果期 7月　● 产地 地中海地区，现世界各地均有栽培

形态特征　二年生草本植物。高30～100厘米。根纺锤形，有时粗厚。茎圆形，稍有棱槽，中部以上分枝，枝对生或轮生，通常超过中央伞形花序。叶深绿色，表面光亮，基生叶和茎下部叶有长柄，二至三回羽状分裂，叶缘锯齿状、有卷缩型及平坦型。果实卵形。

栽培要点　喜冷凉气候，日照需良好。有机质丰富的壤土或黏质壤土较适宜。9～11月为播种适期，夏季高温可在高冷地培育。育苗移植后至采收需4～5个月，可长期采收。

园林应用　阳台种菜的优良植物。可庭植、盆栽、也可用于芳香植物专类园等。

芳香功能

欧芹的果实和叶子中均含有挥发性精油，可用蒸馏法提取。叶部可供生菜沙拉、油炸或做汤类的调味菜。

莳萝 *Anethum graveolens*

伞形花科莳萝属　别名／小茴香、土茴香

● 花期 6月　● 果期 7月　● 产地 地中海地区，现世界各地均有栽培

形态特征　一年生草本。株高60～120厘米，全株无毛，有强烈香气。茎单一，直立，圆柱形，光滑，有纵长细条纹。基生叶有柄，基部有宽阔叶鞘，边缘膜质；叶片轮廓宽卵形，三至四回羽状全裂，末回裂片丝状；茎上部叶较小，分裂次数少，无叶柄，仅有叶鞘。复伞形花序常呈二歧式分枝，开着小且密集的黄色伞形花序，而且数目极多。分生果卵状椭圆形。

栽培要点　适合阳光充足之处，耐寒性强，不耐潮湿。喜排水良好、略带湿气的肥沃土质。以播种繁殖为主，叶子应趁嫩叶时采收，从春季至夏季连续播种，可维持固定的产量。

园林应用　阳台种菜的优良植物。

芳香功能

　　绿叶中含有莳萝精油0.15%、果实中含3%～4%，精油主要成分是藏茴香酮、柠檬萜、水芹萜。

芫 荽 *Coriandrum sativum*

伞形科芫荽属　别名/胡荽、香荽、香菜

果　菜

● 花期 4 ～ 11月　● 果期 4 ～ 11月　● 产地 地中海地区

形态特征　一年生草本。高20 ～ 100厘米。茎直立，多分枝，有条纹，通常光滑。根生叶有柄；叶片一至二回羽状全裂，羽片广卵形或扇形半裂，边缘有钝锯齿、缺刻或深裂，上部的茎生叶三回以至多回羽状分裂，末回裂片狭线形，全缘。伞形花序顶生或与叶对生，小花白色或带淡紫色；花柱幼时直立，果熟时向外反曲。双悬果，卵圆形。

栽培要点　苗期不宜浇水太多。待苗长至10厘米时，植株生长旺盛，应勤浇水，保持土壤表层湿润。注意中耕和适当间苗，间苗时拔除杂草。夏季需适当遮阴，并防暴雨冲刷，雨后及时排水，保证出苗整齐。

园林应用　可庭植、盆栽，也可用于芳香植物专类园等。

芳香功能

常被用作菜肴的点缀、提味之品，也是人们喜欢食用芳香蔬菜之一。果实可提取精油，用于香水、化妆品、肥皂、花露水等。

水仙 *Narcissus tazetta* var. *chinensis*

石蒜科水仙属　别名/水仙、雅蒜、凌波仙子

花

● 花期 12 月至翌年 3 月　● 产地 中国浙江、福建沿海岛屿

形态特征　秋植球根类温室花卉。株高 20 ～ 80 厘米。鳞茎有毒，卵球形，棕褐色皮膜易脱落。叶狭带形，二列状互生，钝头，全缘，灰绿色。伞房花序生于茎顶，小花 5 ～ 10 朵。花被裂片 6，卵圆形至阔卵圆形，白色。副冠淡黄色浅杯状，长不及花被的一半。三倍体植物，高度不育。

栽培要点　喜凉爽、阳光充足的环境。以肥沃的沙质土壤为佳。生长前期喜凉爽、中期稍耐寒、后期喜温暖。因此要求冬季无严寒、夏季无酷暑、春秋季多雨的气候环境。

园林应用　多盆栽水养观赏，常雕刻造型，亦可点缀于石旁、溪边。

芳香功能

花香清郁，鲜花芳香油含量 0.20% ～ 0.45%，经提炼可调制香精、香料，可配制香水，香皂及高级化妆品。

晚香玉 *Polianthes tuberosa*
石蒜科晚香玉属

● 花期 7～9月　● 果期 不结实　● 产地 墨西哥

形态特征　多年生草本。高可达1米。具有块状的根状茎。茎直立，不分枝。基生叶片簇生，线形，顶端尖，深绿色，在花茎上的叶散生，向上渐小呈苞片状。穗状花序顶生，每苞片内常有2花，苞片绿色；花被管长，基部稍弯曲，花被裂片彼此近似，长圆状披针形。

栽培要点　春季萌芽生长，夏秋开花，冬季休眠（强迫休眠）。喜温暖、湿润、阳光充足的环境，生长适温20～30℃。对土质要求不严，以黏质壤土为宜；对土壤湿度反应较敏感，喜肥沃、潮湿但不积水的土壤。

园林应用　栽植和花期调控较容易，是非常重要的切花之一，是众多花艺、插花中常用且重要的配花，可供观赏。

芳香功能

　　提取香精的原料。晚香玉浸膏主要成分有香叶醇、橙花醇、乙酸橙花酯、苯甲酸甲酯、邻氨基苯甲酸甲酯、苄醇、金合欢醇、丁香酚和晚香玉酮等。

文殊兰 *Crinum asiaticum*

石蒜科文殊兰属　别名/白花石蒜、十八学士

● 花期 夏季　● 产地 亚洲热带

形态特征 球根花卉。株高80～150厘米。叶基形成假鳞茎，长圆柱状，白绿色。叶基生，阔带形或剑形，肥厚。伞形花序顶生，下具2枚大形苞片，开花时下垂。小花纯白色，外有2个大的总苞片，有花20余朵，花被筒直立细长，花被片线性。

栽培要点 喜光线充足、温暖、湿润的环境，不耐寒，华南地区四季常绿。喜疏松、肥沃的沙质壤土，耐盐碱。北方地区栽培时，冬季需保护才能顺利越冬。

园林应用 佛教著名的"五树六花"之一，可用于林缘、山石边或墙边成片种植，也可丛植于海滨沙地或庭院一隅。

芳香功能

　花具芳香气味，傍晚时散发香气更浓，鲜花可提取精油。

埃及白睡莲 *Nymphaea lotus*
睡莲科睡莲属

● 花期 全年　● 果期 全年　● 产地 热带地区

形态特征　热带睡莲品种，种植较为广泛。叶深绿，圆形，叶缘微波状，具尖齿，叶背及长叶柄红褐色。花白色至淡雪青色，花径15～25厘米，外瓣平展，内瓣直立，花瓣呈窄矩形，先端圆。根茎肥厚。夜开型，傍晚开花，午前闭合。

栽培要点　属于热带睡莲，无冬季休眠习性，当冬季温度过低时需进行保护性栽培。最适水深30～40厘米，生长适温为30～35℃，18℃以上可正常生长和开花。喜充足光照，喜肥，病虫害少，种植时需保持水体清洁。

园林应用　珍贵的观赏水生植物，可作为花海景观、园林绿化应用。

芳香功能

花中含有芳香油，是精制化妆品、香料拼配的重要原料。

埃及蓝睡莲 *Nymphaea caerulea*
睡莲科睡莲属

● 花期 全年　● 果期 全年　● 产地 热带地区

形态特征　多年生草本宿根植物，中大型品种。叶近圆形，近全缘，基部有深弯缺刻，裂片尖锐，叶耳重合，叶片两面光滑无毛，正面绿色，分布有少量褐色斑点。花瓣淡蓝色，数目17枚左右，花径10～13厘米，雄蕊花丝部分鲜黄色，尖端附属淡蓝色。花萼4枚，革质，呈披针形。

栽培要点　属于热带睡莲，无冬季休眠习性，当冬季温度过低时需进行保护性栽培。最适水深30～40厘米，生长适温为30～35℃，18℃以上可正常生长和开花。喜充足光照，喜肥，病虫害少，种植时需保持水体清洁。极易结实，可种子繁殖或球分株繁殖。

园林应用　可作为花海景观、园林绿化应用。

芳香功能

　　花中含有芳香油，是精制化妆品、香料拼配的重要原料。

睡 莲 *Nymphaea tetragona*
睡莲科睡莲属　别名/英国薰衣草

● 花期 6 ~ 8月　● 果期 8 ~ 10月　● 产地 中国、印度、埃及、南非、美国等地

形态特征　多年生水生草本。根茎粗短。叶漂浮，薄革质或纸质，心状卵形或卵状椭圆形，基部具深弯缺，全缘，上面深绿色，光亮，下面带红或紫色，两面无毛，具小点；叶柄长达60厘米。花梗细长；萼片4，宿存；花瓣8 ~ 17，宽披针形，长圆形或倒卵形。浆果球形。

栽培要点　生于池沼、湖泊中，喜阳光充足、温暖、潮湿、通风良好的环境。对土质要求不严，但喜富含有机质的壤土。多采取分株繁殖。要注意对水位的控制。

园林应用　可作为花海景观、园林绿化应用。

常见栽培种　艾伯特、艾伯特德莱斯唐、奥格斯特、奥斯塔、澳洲蓝巨、澳洲永恒紫、巴拿马太平洋、芭芭拉、白蓝星、保罗蓝等。

芳香功能
花中含有芳香油，是精制化妆品、香料拼配的重要原料。

艾伯特 *Nymphaea* 'Albert greenburg'

艾伯特德莱斯唐 *Nymphaea* 'Albert de Lestang'

奥格斯特 *Nymphaea* 'August Koch'

奥斯塔 *Nymphaea* 'Ostra'

澳洲蓝巨 *Nymphaea gigantea*

澳洲永恒睡莲 *Nymphaea immutabilis*

巴拿马太平洋 *Nymphaea* 'Pamema pacific'

芭芭拉 *Nymphaea* 'Barbara barnette'

白蓝星 *Nymphaea* 'White colorata'

保罗蓝 *Nymphaea* 'Paul Stetson'

波利 *Nymphaea* 'Poil jear'

查尔斯托马斯 *Nymphaea* 'Charles Thomas'

纯洁 *Nymphaea* 'Kao Mongkol'

纯真 *Nymphaea* 'Innocence'

丹泉石 *Nymphaea* 'Tanzanite'

蒂娜 *Nymphaea* 'Tina'

多贝 *Nymphaea* 'Dauben'

多丽丝 *Nymphaea* 'Doris Holt'

飞雪藏梅 *Nymphaea* 'Feixue Cangmei'

粉黛 *Nymphaea* 'Fen Dai'

佛罗里达 *Nymphaea* 'Florida sunset'

甘娜 *Nymphaea* 'Madame Ganna Walska'

公牛眼 *Nymphaea* 'Bull's Eye'

海上日出 *Nymphaea* 'Haishang Richu'

黑美人 *Nymphaea* 'Murasaki Shikibu'

红粉佳人 *Nymphaea* 'Hongfen Jiaren'

红色闪耀 *Nymphaea* 'Red flare'

红仙子 *Nymphaea* 'Rose Arey'

狐火 *Nymphaea* 'Foxfire'

黄金国 *Nymphaea* 'Ei dorado'

吉祥 *Nymphaea* 'Jixiang'

江南风韵 *Nymphaea* 'Southern charm'

金黄睡莲 *Nymphaea* 'Lueang Thong'

精华 *Nymphaea* 'Highlight'

卡拉阳光 *Nymphaea* 'Carla's sonshine'

卡莲特 *Nymphaea* 'Caliente'

科罗拉多 *Nymphaea* 'Colorado'

克里三萨 *Nymphaea* 'Chrysantha'

拉萨米 *Nymphaea* 'Ratsamee Chan'

蓝鸟 *Nymphaea* 'Blue bird'

蓝女神 *Nymphaea* 'Wood's Blue Goddess'

蓝星 *Nymphaea* 'Colorata'

蓝蜘蛛 *Nymphaea* 'Blue spider'

蓝紫苑 *Nymphaea* 'Blue aster'

恋春 *Nymphaea* 'Spring Love'

林夕伍德 *Nymphaea* 'Lindsey Woods'

龙凤睡莲 *Nymphaea* 'LongFeng'

鲁比 *Nymphaea* 'Ruby'

米奴塔 *Nymphaea* 'Minuta'

潘燮 *Nymphaea* 'Poonsub'

热带落日 *Nymphaea* 'Tropic sunset'

柔毛齿叶白睡莲 *Nymphaea lotus* var. *pubescens*

瑞秋 *Nymphaea* 'Rachel Presnell'

桑吉巴尔之星 *Nymphaea* 'Star of Zanzibar'

酸橙 *Nymphaea* 'Key lime'

泰王 *Nymphaea* 'King of Siam'

万维莎 *Nymphaea* 'Wanvisa'

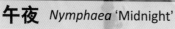

午夜 *Nymphaea* 'Midnight'

希拉里 *Nymphaea* 'Hilary'

暹罗紫 *Nymphaea* 'Siam Purpe'

香草天空 *Nymphaea* 'Vanilla Sky'

蟹爪红 *Nymphaea* 'Nangkwaug Red'

蟹爪蓝 *Nymphaea* 'Nangkwag Fah'

雪崩 *Nymphaea* 'Avalanche'

延药睡莲 *Nymphaea stellate*

伊芙琳 *Nymphaea* 'Evelyn'

伊斯兰达 *Nymphaea* 'Lalamorade'

印度红睡莲 *Nymphaea rubra*

英仙座流星雨 *Nymphaea* 'Perseids'

荧光黄 *Nymphaea* 'Swangjitra'

约瑟芬 *Nymphaea* 'Joephine'

月光 *Nymphaea* 'Moon beam'

朱鹮 *Nymphaea* 'Zhuhuan'

朱砂痣 *Nymphaea* 'Zhushazhi'

紫色快乐 *Nymphaea* 'Purple joy'

紫外线 *Nymphaea* 'Ultra violet'

紫妍 *Nymphaea* 'Ziyan'

紫珍妮 *Nymphaea* 'Joanne Pring'

石菖蒲

Acorus tatarinowii

天南星科菖蒲属　别名/格密亲、薄菖蒲

草

● 花期 2～6月　　● 果期 2～6月　　● 产地 中国长江以南各省及西藏

形态特征　多年生常绿草本植物，株高30～40厘米，全株具香气。硬质的根状茎横走，多分枝。叶剑状条形，两列状密生于短茎上，全缘，先端渐尖，有光泽，中脉不明显。4～5月开花，花茎叶状，扁三棱形，肉穗花序，花小而密生。浆果肉质，倒卵圆形。

栽培要点　喜阴湿环境，不耐旱。选用肥沃\疏松、富含腐殖质壤土栽培为宜。

园林应用　常绿而具光泽、性强健、能适应阴湿条件，宜在较密的林下作地被植物，也可丛植于水边、岸际。

芳香功能

　　根茎含精油，石菖蒲是一种中药材，其根茎可入药。

昙 花 *Epiphyllum oxypetalum*

仙人掌科昙花属　别名/月下美人

● 花期 夏秋　● 果期 果少见　● 产地 墨西哥至巴西热带雨林

形态特征 多年生肉质草本。株高2～6米。附生肉质灌木，老茎圆柱状，木质化。分枝多，叶状侧扁，长椭圆形，边缘波状或具圆齿。中肋粗大，宽2～6毫米，两面突起。叶退化。花生于叶状枝边缘，大型，漏斗状，无柄，夜间开放。花萼筒形，白绿色，或具红晕。花重瓣。浆果长球形，具纵棱脊，紫红色。

栽培要点 喜半阴、温暖、湿润的环境，忌强光暴晒。喜肥，栽培应选择富含腐殖质的沙质壤土。不耐寒。常用扦插繁殖。

园林应用 大型盆栽观枝、观花。

芳香功能

花漏斗状，有芳香，用树脂吸附收集头香。

德国鸢尾

Iris Germanica

鸢尾科鸢尾属　别名／乌鸢、扁竹花

● 花期 4～5月　● 果期 6～9月　● 产地 欧洲

形态特征　多年生草本。根状茎粗壮而肥厚，常分枝，扁圆形，黄褐色；须根肉质，黄白色。叶直立或略弯曲，淡绿色、灰绿色或深绿色，常具白粉，剑形，顶端渐尖，基部鞘状，常带红褐色。花茎光滑，黄绿色，高60～100厘米。苞片3枚，草质，绿色，内含1～2朵花。花直径可达12厘米。蒴果三棱状圆柱形。

栽培要点　喜冬暖夏凉，喜光，较耐寒，但不能耐高温。喜向阳、通风的环境和土质疏松、排水良好的沙质壤土。花后从地面处剪除花葶，在冬季来临时，修剪叶片呈倒V形。

园林应用　是极好的观花地被植物，常用于花坛、花境布置。同时，可盆栽观赏，也是重要的切花材料。

芳香功能

根状茎可提取香料，用于制造化妆品或作为药品的矫味剂和日用化工品的调香、定香剂。

香根鸢尾 *Iris pallida*
鸢尾科鸢尾属

● 花期 4～5月　● 果期 6～9月　● 产地 欧洲

形态特征　多年生草本。根状茎粗壮而肥厚，扁圆形，黄褐色或棕色；须根粗壮，黄白色。叶灰绿色，外被有白粉，剑形。花茎光滑，绿色，有白粉；苞片3枚，膜质，银白色，卵圆形或宽卵圆形，其中包含有1～2朵花；花大，蓝紫色、淡紫色或紫红色。蒴果卵圆状圆柱形。

栽培要点　应选择土质疏松、排水良好的坡地或平地栽培，深耕细作，施基肥，香根鸢尾的田间管理工作较粗放。每年春开沟施一次追肥，并进行除草和松土。种植香根鸢尾必须轮作。

园林应用　观赏价值极高，多丛植或于花境、路旁栽植。同时，可盆栽观赏，也是重要的切花材料。

芳香功能

　　根状茎可提取香料，用于制造化妆品或作为药品的矫味剂和日用化工品的调香、定香剂。

香雪兰 *Freesia refracta*

鸢尾科香雪兰属　别名/小菖兰、菖蒲兰

花 🌸 🌼 🌸

● 花期 4～5月　● 果期 6～9月　● 产地 非洲南部

形态特征　多年生草本。球茎狭卵形或卵圆形，外包有薄膜质的包被，包被上有网纹及暗红色的斑点。叶剑形或条形，略弯曲，黄绿色，中脉明显。花茎直立，上部有2～3个弯曲的分枝，下部有数枚叶；每朵花基部有2枚膜质苞片，苞片宽卵形或卵圆形，顶端略凹或2尖头；花直立。蒴果近卵圆形。

栽培要点　喜疏松、排水良好、富含腐殖质的土壤。喜凉爽、湿润与光照充足的环境，耐寒性较差。生长适温为15～20℃，越冬最低温度为3～5℃。易发生花叶病、球腐病、蚜虫等病虫害。栽种时要对土壤和种球进行彻底消毒，并且每年要彻底更换盆土。

园林应用　主要供观赏，花可提取香精。

芳香功能

　　主要用于家庭切花、盆花观赏，花可提取香精。

索引